传播美，传播爱，传播生命力

——*Ann Shi*

盛世新管理书架
SS New Management Bookshelf

渐行渐美

听怡彤老师聊职场

施怡彤 ◎ 著

积极心理学
传播者的
成长之路

人民邮电出版社
北　京

图书在版编目（ＣＩＰ）数据

渐行渐美：听怡彤老师聊职场 / 施怡彤著. -- 北京：人民邮电出版社，2014.10
（盛世新管理书架）
ISBN 978-7-115-37060-0

Ⅰ．①渐… Ⅱ．①施… Ⅲ．①成功心理－通俗读物
Ⅳ．①B848.4-49

中国版本图书馆CIP数据核字(2014)第204252号

内 容 提 要

本书通过主人公"怡彤"初入职场，历经坎坷与磨砺，最终成长为职业经理人的经历，与读者分享了其职场个人定位与规划、工作方法与技巧、修炼与晋升、面对工作与生活乐观积极向上的态度等，在字里行间感受正能量的传播。作者用朴素亲切的语言一一讲解，辅以积极心理学知识，帮助读者学习与提升。这是写给所有年轻人的高效修炼书。

- ◆ 著　　　　施怡彤
  责任编辑　赵　娟
  责任印制　杨林杰
- ◆ 人民邮电出版社出版发行　　北京市丰台区成寿寺路 11 号
  邮编　100164　电子邮件　315@ptpress.com.cn
  网址　http://www.ptpress.com.cn
  北京雅迪彩色印刷有限公司印刷
- ◆ 开本：880×1230　1/32
  印张：8.25　　　　　　　2014 年 10 月第 1 版
  字数：174 千字　　　　　2014 年 10 月北京第 1 次印刷

定价：38.00 元
读者服务热线：**(010)81055488** 印装质量热线：**(010)81055316**
反盗版热线：**(010)81055315**

自　序

职场，是你人生的"另存为"

"另存为"，是一个我们常用的 windows 系统的专用词。在电脑时代，它才出现。在我们原有的词库中，并不存在，但不知不觉却影响着我们的思维。一个文本，原本按设想存档好后，发现需要调整、修改和优化，就只有"另存为"另一个文本，甚至重建文件名，方可以独立完整保留下来。

职场，就如一个"另存为"的人生文本。每个进入职场的新人，都怀揣着对职场这片领地的憧憬、热爱投身于此，努力地构想好职场文档，在头脑里保存下来，希望发生的一切如愿以偿，达至目标。可是变化是永恒的主题。每一个职场变化都牵动着整个文本需要修改。在做职场规划的时候，我常常通过"时间线"这个练习来引导职场人士，去思考和探索职场发展中的动态变化，反观每个变化背后有否优化和提高自己的职业台阶。

可是，又有多少人能完全按照设定好的文本一成不变地去实施、执行呢?

若更深入理解"另存为"，既可以是检测新版本的优化，也可以是旧版本停止运行。两者的区别在于，职场人士的经验、背景、资历、专业是否能够作支撑，每个决策背后所引发的连锁反应，都可能是一次"另存为"。虽不至于"一招不慎，满盘皆输"，但蝴蝶效应的威力不可小觑。

心理学中有著名的蝴蝶效应。在巴西亚马逊热带森林里的一只蝴蝶，偶然扇动了它的翅膀，一阵微小的气流，摇动了身下的小草，惊动了水中潜伏的鳄鱼。经过一系列的连锁反应，在美国德克萨斯州引发了一场巨大的龙卷风。

为了珍惜每次"另存为"的机会，我曾想，如果职场新人们能遇见一位专家，在关键时刻，答疑解惑，亲身授意，应对职场江湖上的诡谲莫测，那该多好!

美国职场电影《在云端》，就是诉说着这样一个精彩的故事。瑞恩，一位深谙职场规则的人力资源管理专家。他每天与许多在职场中遭遇变故的人面谈。"现在，让我们来谈谈你的未来"这是他最经典的开场白。诚然，面谈者往往沉溺于被解雇的阴影里，他们没有注意到一个可能出现的未来正摆在他们的眼前。而需要一位第三方的专家，去挖掘、启发他们在接受现实的时刻，去看待自己即将展开的"rebirth"（重生）。

我年轻的时候，遇到过这样的前辈——她或他，在我的职场成长中给过很多善意的提醒，帮助我发掘自己的优势，让我走上了一条适合自己职业发展的道路。

写《渐行渐美》一书的初衷，就是想把自己的职业发展历程和积极心理学的研究成果加以结合，让更多的职场人士能够一边经历，一边优化，让职业的发展进入更高的平台。

而作为女性，在职场的能力和意识的提升，更是这段"另存为"的一个关键因素。

在农耕时代，传统女性的社会定位基本就是家庭妇女。男性在外谋生，女性在家照顾家人。女性的所有聪明才智都发挥在了"小家"里。因此，代代传习下来的观念就是：女人就是为家庭而生。易卜生《玩偶之家》"娜拉的出走"，这是女性冲出家庭的第一声呼喊：路在何方，能走多远？当时效仿娜拉的女性们，内心就是在这样的纠结和质疑中，挪步向前迈进。一走几十年。到了 21 世纪，女性在职场中的数量和分量越来越重，特别是在某些领域。美国加州管理咨询家珍特·欧文与同事做了一项调研，其结果为：在调查的 31 个项目中，在 28 个项目中女性超过男性。与陈规旧制相反，女性在职能领域的各个方面均优于男性，如完成高质量的工作，识别潮流趋势，集纳新的思维并付之实践等。

在职场中，女性新的角色更加丰富和延伸了女性自我意识的强化。自我意识是指人对自己身心状态和客观世界关系的认识，例如，自己的价值如何，自己如何为家庭以外的社会活动创造出价值，等等。通过对自我意识的认识和推进，女性应作用职场所提供的资源不断地自我监督、自我提升和自我完善。女性的职场角色，在自我意识的完善下，影响着职场女性的道德判断能力、价值观趋向、个性形成、行为标准等方面，对女性在组织中可持续发展提供了重要的前提。

从成功案例上分析一下：作为职场上为数不多的女性高管，桑德伯格从谷歌的广告销售总监华丽转身"嫁入"Facebook，担任首席运营官。对于"为什么绝大多数女性不能成为公司高管"，她认为真正的障碍来自"看不见的，存在于女性自己头脑中的障碍"。女性似乎很早就认定在事业成功和做贤妻良母之间只能选择一样，而现实并非二选一。"尽力胜过求全"的她坚持每天5点半准时下班，与家人一起吃饭后再接着工作，明确家里和工作中最要紧的事，工作效率更高，她是杰出COO的同时也是个好妈妈。还有她认为另外一个原因是，女性在若干次小退缩后彻底丧失与男性竞争的能力，不想办法拓展自我，在不知不觉间就会停止寻找新的机会，从而落后于男性，导致成就感低，价值感下降，或不被重视，可能进一步降低事业心，因为不再相信她可以到达顶层。

所谓"存在于女性头脑中的障碍"，其实就是性别角色上的认知定势。女性从一降生就会被影响终身的负面信息灌输，如女性不该敢于直言，不该有进取心，不能比男性权力大等，于是在本该往前靠时却往后退，尽管两性在智商测试时表现得同样出色。

通过职场之路，不断蜕变，蚕蛹化蝶，女性将会遇见一个未知的自己——那个更优秀的你。最终，让这段"另存为"的人生更为华丽。

时光，不像冬天的冻雨，无法凝固，剩下一些内在的东西，在眼不能及的地方悄悄地发酵，继续它的酝酿。

目　录

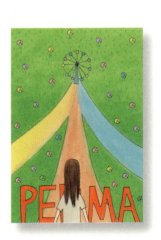

第 1 章

走上职场，与过去的美好挥手

今天，我成为了新员工

看着镜子里的自己，笔挺、合身的灰色西装小外套，一字裙难掩白皙修长的双腿，一双坚贞而明亮的眼眸扑闪着光芒。所有职场新人的期待、盼望、投入，全部拥有！深深呼了一口气，我毅然转身。这一转身，便是人生一段新旅程的开始。

在就业率较低的今天，毕业季的忧愁与哀伤被一波又一波的招聘会所淹没。通信行业的某知名国企是众多学子争抢的"金饭碗"。过五关斩六将，我幸运成为了准成员。

"欢迎大家来到公司，我们公司拥有全国最先进的技术中心……"人事部在给我们这群新员工进行入职培训。

我环顾四周，公司人事部在给新员工讲解公司企业文化，职场新人们怀揣着激动，人人心情忐忑，时不时交头接耳。周围陌生的面孔、陌生的环境，让我感到惴惴不安。

　　"我们公司以成为世界级综合信息服务提供商为目标，秉承不断创新，不断进取的企业文化，踏踏实实地朝战略目标前进。这条路荆棘丛生，作为公司一员，我们有自信披荆斩棘，边探索边前进，边修路边通往成功……"

　　"以上就是公司企业文化的精髓，公司的成长路充满传奇，职业成长之路更是充满挑战，希望各位新同事在以后的工作生活中细细体会，塑造自己的辉煌人生。"一天新员工的培训下来，我极度疲惫，满脑子是各种担心与忐忑，而职场之路才刚刚开始。

　　"妈，妈！"回到家里，我仍是小女孩，一如既往地娇声呼唤，享受着父母的呵护。

　　"闺女，今天第一天上班怎么样啊？"听到妈妈这么问，我不想说话。好不容易放松下来的心情，又像一团揉皱的纸，难以展开。

　　妈妈没有得到答案，我却露出一丝失落："没什么事，只是心中惴惴不安。到公司之后，刚刚开始的职场之路好像布满荆棘，感觉不到一点安全感，现在回到家，终于可以放松了。"我这才倒出自己的苦水。

　　作为一个过来人，妈妈了解我的烦恼："从校园到社会，从家庭千金到职场新人，是人生的一个重大转折，在这一过程中，你们需要面对新的环境、新的角色，以及激烈的社会竞争、复杂的人际关系等，这些使许多刚走上工作岗位的年轻人难以适应，别给自己太大压力。"看着妈妈体谅关怀的眼神，我内心好像感觉轻松点了。

　　我当然明白这个道理，在就业辅导课上老师也曾经描绘过现实社会和职场的状况。但刚刚完成学业的我，面对一个看似熟悉却陌生的环境，怀揣着理想却懵懵懂懂一脚踏入，仍会不自觉地开始搭建自我心理的围墙。

我皱起眉头默不作声，心中的理想好像变得越来越模糊。

"他们明天给你安排了什么工作呀？"妈妈问道。

"我不知道……"我确实不知道，新人对工作还没有清晰的认识，这正是安全感缺失的重要原因之一。

"你今天是第一天上班，不知道明天的工作是很正常的事。但如果你正式入职，并接触到工作之后，你仍然对自己接下来一天的工作没有一个全面的了解和初步计划，那你永远也摆脱不了职场新人的角色！"

职场也是生活，对明天工作的未知，对下一项工作的未知，难免缺乏安全感，不知道如何面对。怎样才能很好地融入新的环境中，成为我进入职场后要解决的第一道难题。

我急于辩解："我的领导没有跟我说明天做什么啊！她只是让我熟悉熟悉工作环境！"

妈妈说："那你对环境熟悉到什么程度了呢？你需要了解哪些工作环境，你自己心里有数吗？"

我明白妈妈的苦心，我问："妈妈，那我要怎么做才能让自己看起来不那么像一个职场'菜鸟'呢？"

妈妈笑着摸了摸我的头发，说道："我们要做的并不是成为一个看起来不像职场'菜鸟'的员工，而是真正做到从学生蜕变成职场达人！成为职场达人，需要累计一笔'职场无形收入'。"

"职场无形收入"我被这个词一下子激活了！

妈妈继续娓娓道来："'职场无形收入'包括知识增长、技能提高、经验积累、观念转变……将来若想要站到更高层次的发展平台，这些就将会为你奠定基础。一句话就是'今天的无形收入，决定你明天的有形收入'。"

我亲爱的妈妈，不愧为从事思想教育工作的老手，一下子就总结出入职宝典的精华内容！

这天晚上，我与妈妈交流了我一天的所见所闻，直到晚上 12 点我才带着疲惫进入梦乡。

接下来的一周，我在公司的安排下完成了入职培训，并在同事的帮助下有计划地完成了入职的几项工作：

学习：了解公司的规章制度、经营特点和工作职责。

沟通：与领导、同事沟通，建立起融洽的合作关系。

熟悉环境：深入了解公司各部门情况，掌握电脑、打印机、复印机、传真机等办公用品的基本使用方法。

准备工具：加入员工交流 QQ 群、MSN 群等，做好工作准备。

到了周末，我总感觉悠闲的空气和往日有些不一样，舒畅又愉快。我有写日记的习惯，晚饭后打开日记本，记录下第一周职场生活的情绪变化，同时表达自己内心的各种矛盾：

初入职场，内心的企盼与憧憬，压抑与不安，彷徨与无助，都让我处于迷茫中。特别是与我一样刚入职的读者，基本上都是独生子女，从小的优越感一直伴随在成长过程中。但当我们走出家门，踏入社会，我们不再是父母眼中的"宝贝"，我们是真正的社会人，这种角色的根本转换，很多人都不适应，因此产生了不少的问题。我们为此感到苦恼、困惑，甚至整个社会也感受到了来自这方面的强大压力。

亲情是我们永远的依靠。父母的宠爱，是我们心灵的避风港。

复杂的社会，它能无条件地宠爱我们吗？

不，当然不能。所以，我们必须去适应、去调整。在离开学校，走出家门的时候，明确地提醒自己：职场从来不是什么童话故事，而是现实的人生舞台！将来的我，将变成怎么样？我还不知，但我心中笃定知道我明后天要做什么。

怡彤老师说

职场中常常能看到两类人：一种是踏实肯干，脏活累活抢着干，进入职场就把过去的荣誉成绩归零的年轻人；还有一种是秉持过去的优越感，要人宠（夸赞）、要人爱（关注），重活、累活、脏活不肯干的年轻人。前者快速进入了职业成长期，后者继续停留在过往的光环下，一直被虚无的优越感笼罩着，但在真刀实枪要求实干的职场中，优越秉性会受到挑战和质疑。但后者往往不肯放下身段，用内心抵御着这种变化，纠结在各种抱怨、不满、怜惜中，过去的核心优势渐渐成为了诟病。初入职场，名牌大学、名牌专业、名牌文凭往往抵不过一个踏实肯干的职业形象。

这两类人带着理想和憧憬来到工作场所，想有所作为，但过了一年半载，很多人的心却凉下来了，其中的原因是现实总与自己的理想工作情况不符合。现实的残酷有很多种，其中一点就是发现自己要被"修理"。过去看来是率性的表现，今天却被领导认为是不够沉稳；以前被夸赞的优点，如今却成为了挨批的"导火线"。很多人往往经受不住这份闲气，于是小则抱怨，大则离职的事情开始发生。

　　我曾在某企业的内部培训中做过这样一个调查：一年后只有30%的同学还在做第一份工作，其余都跳过一次以上的槽。此刻，很多人在职场碰到问题是过于纯天然（原生态性格表现），缺少添加剂（缺乏职业化表现）。

　　江山易改，本性难移。职场性格是指在原生态性格的基础上优化，目的是更适合职场的生存竞争法则。那如何优化职场性格？方法就是塑造职业化。职业化是职场新人进入职场必须具备的基本素质。职场新人应该在工作上，放下身段，采取归零思维方式，多学习、多吸收、多接纳，听取更多前辈的意见和建议，不断修正自己的观点和看法，让自己的职业能力迅速提升。

红色高跟鞋

时光如握在手中的沙，转瞬即逝，不经意间我入职已半月有余。我开始接触核心业务，好在自己碰到一位和蔼可亲的师傅——可可。可可是热心肠，不管我有什么问题，这位知心大姐总是不厌其烦，鼎力相助。很多年后，我仍然非常感谢可可——我职业生涯的第一任老师。

可可是我所在小组的组长，年纪四十岁左右，因为组里人员较少，可可和组员之间没有明显的职位高低差别，就像个有号召力的普通同事一样。可可不是她的本名，我为了以示尊重，一直喊她可可姐。

临近下班，可可端着一杯茶走到我面前，停了下来。"你这身衣服真可爱！"可可说道。

我低下头看看自己的韩版裙装，有些不好意思。这个时候可可继续说："明天去见客户，你要穿得成熟一点哦！"说完她就走开了。

我听出可可话中的意思，脸一片绯红。

刚进公司的时候，我也正儿八经地穿衬衣西装，打扮如知性小白领。但是我所在的部门并不经常面对客户，所以我看办公室其他女同事穿着大多以休闲舒适为主，于是也渐渐被同化。我还在 MSN 上跟好姐妹们说，庆幸自己不用穿职业装和高跟鞋。

这次被领导暗示穿得不正规，我也觉得很懊恼。下班之后，我带着惆怅的心情漫无目的地瞎逛，一边走一边想着可可对我说的那番话，我意识到自己应该有所改变。我走到街角的一家咖啡馆，推门进去，看见窗边坐着一位很有气质的老妇人。她满头银发，别着一个暗红色的水晶发卡，脚上穿着红色的高跟鞋，手里拿着一只珍珠手包，身上穿着一袭黑色及膝洋装，洋装款式简洁而没有多余的装饰。她正在看一本法语原版的《巴黎圣母院》。我不禁感慨，多么有内涵的老妇人啊，精致的外表下一定有强大的内在支撑！老妇人在翻书的间隔，抬头和我四目相对，对我微笑点头。我走到老妇人的桌前，"您好，我可以坐下吗？"我问道。

"可以，请坐！"老妇人说道。

我坐下之后，老妇人礼貌地打量了我一下，眼睛落在我的蓝色帆布鞋上，"小姑娘似乎有话要问我？"老妇人有些疑惑。

我有些不好意思地点点头，又摇摇头。我说："没有，只是觉得您很优雅，无缘无故地想亲近您，希望没有打扰到您！"

老妇人微笑着摇摇头说："当然没有！你还是个学生吧？"

我有些愕然，老妇人把我当作还未毕业的学生了？于是我说："没有，我已经开始上班了！"

老妇人笑着说："看来我猜得没错，小姑娘，给自己换双鞋吧，让它带给你真正的毕业。"

我心里有些不自在，可是嘴上还是不服输地说："可是我的工作并不需要我穿着职业装，更不需要穿高跟鞋呀？"

老妇人面带微笑地说："小姑娘，你觉得一个女人穿衣打扮是为了什么呢？"

"女为悦己者容！可是我还没有悦己者啊。我希望我的那个悦己者能喜欢我的妆扮！"我说。

"你穿得挺漂亮的，可爱、年轻、有活力！我相信一定有很多人会觉得你这样的妆扮漂亮、大方。可是很多时候，我们穿衣打扮还是应该符合我们所在的环境和身份的！外表是陌生人判断一个人的首要标准，我们不提倡以貌取人，可当我们对别人一无所知的时候，我们也确实只能靠外表评估对方，你说对吧？"老妇人说。

我低下了头，小声地说："这个道理我也知道啊，我也喜欢你身上的黑色裙子和红色高跟鞋，可是它们价值不菲，我刚刚毕业……"

老妇人说："得体的标准从来都不是价格昂贵，而是符合身份特点。譬如你五官端正，漂亮，眼神里还保留着学生的纯粹，在你不上班的时候，穿你身上的这些非常合适。可是，进入职场，稚气未脱对于你并没有多大的好处，你就应该尽量弱化这些特点。一件职业裙装、一双高跟鞋，足以帮助你增强自信。一旦你从内心自信起来，即使再稚嫩的脸庞，也能让人相信你的专业。要改变别人对你的看法，首先要改变你自己。"我细细揣摩老妇人的话，几分钟的对话彻底击溃了我内心深处的抗拒，也打破了我一直以来的心理防线。

我原先以为自己一般面对的都是自己的同事，工作中并不需要专业的职业妆扮。但可可的暗示和老妇人的劝告，都在提醒我要重新定义自己的装束。我对老妇人微笑表达了谢意后，走出了咖啡厅，我去了一家大型商场，为自己选购了明天要拜会客户所穿的职业装，回家后还在网上搜索了一些关于职场穿着、职场礼仪等方面的专业知识。

第二天，我没有穿往日的休闲服装，而是穿上新购置的职业装，虽然整体上看起来还是有一些欠缺，但高跟鞋与职业装的搭配已为我稚气的外表增添了些许专业与知性。这是我第一次面对客户，整齐的职业装在一定程度上掩盖了我的紧张度，虽然我不是今天的主角，但是在会谈开始时我就感受到了职业装带给我的自信。

初次尝试，我切身体会到了高跟鞋和职业装所带来的巨大作用，从此以后这些成为了我职场中不可或缺的"装备"。

怡彤老师说

很多年过去了，时至今日，无论是培训还是会见客户，我依旧是职业套装加配套高跟鞋的"标配"，这已成为我多年的习惯了。我常常想，女性在社会里充当的角色远不止女儿、妻子和母亲等这样的家庭角色，她们还担负着更多的社会责任，扮演着许多社会角色，还需要拥有自己的事业和发展空间。妆扮自己，让自己更加精致，也能帮助我们在职场中更好地发展自己。

"真金不怕火炼"固然很有性格，但是，也不妨碍大家遵循一下"人靠衣装，马靠鞍"这句老理儿！面对激烈的市场竞争、就业竞争，仅有像奥巴马的口才还不够，最好还要有得体的穿衣风格。

我在与很多职场新人交流的时候，常被问起职业装对职场新人心理有哪些影响。我这样认为：职业装之所以长盛不衰，很重要的原因是它拥有深厚的文化内涵。主流的正装文化常被人们打上"有尊严、有文化、有教养、有风度、有权威感、有信赖感"的标签，它会给人带来很多好处。首先，穿职业装不仅可以矫正坐姿，促进健康呼吸，还有助于增强自信，摆脱幼稚的形象。再次，穿职业装可以较快地融入到新的团队中，形成"平等心态"和团队意识。

那如何选择适合自己的职业装呢？我给出几个方向：大原则是在物质条件允许的情况下，穿戴要正规，符合自己的特点。身材高大者宜选深色，可避免视觉上的臃肿感；身材矮小者，宜选浅色，能给人以伸展感、扩张感；面庞宽的人，选择宽驳头的款式较相配；面庞窄的人，选择窄驳头的款式较相配；年轻人宜选颜色明快的鲜艳面料，以显示朝气蓬勃的风采。

莫让机会成为手中细沙

第一个月是我作为新员工了解公司、适应公司、融入公司的重要阶段。在这段时间里，我从了解上班路线、了解工作职责、改变职业装扮等基本事情做起，在可可和其他同事的帮助下，在较短时间内挣脱了职场"菜鸟"的羁绊。

"公司内刊要做电子杂志，宣传部已把业务外包给服务公司，我们只需要给他们提供稿件，组稿的工作暂时交给你来跟进咯！有什么不懂的事情可以问我。"我一到公司就收到了可可交代的任务。

我问："是我一个人完成这件事吗？"

可可坚定地点点头："是的，我相信你，你能做好！"

得到可可的肯定，我心里有一丝丝开心，毕竟这是我第一次独立完成一个项目。工作难度虽然不高，但我却卯足了劲儿，决定好好干！

世上没有轻而易举的事，表面上很简单的一项工作，我却遇到了很多问题。譬如，外包公司的设计师找到我，告诉我电子杂志排版遇到了困难。他们把我提供的稿件都排完了，发现还剩下半页空白页面。设计师问我有没有多余的稿件，可以补上去。如果没有，那么就只能插张大图，将这多出的一页占满。

我所在的企业，在某些方面还很传统，一般要求绝对的对称和工整。这种略带宣传性的出版物肯定不能出现像时尚杂志的那种风格。我和设计师都知道这点，插图是行不通的，最好的解决方法就是多加一篇文章进去。

我这下犯了难，可可给的文章都已经用上了。我思考了一会儿之后，只好求助于可可。

"可可姐，电子杂志的排版设计师问还有没有文章可以放进去，现在差一篇文章。"可可停下手里工作，看了一眼我："确实没有了，有没有其他办法呢？"

我说："最合理、最实际的方法就是多加一篇文章进去，而其他的办法也有，只是不知道最后领导那里能不能通过。"

可可想了片刻说："还是加一篇文章进去吧，以前也遇到过这样的问题，一般我们处理的方法就是自己写一篇文章加进去。你来写吧，加到员工艺苑那个栏目去。"

我惊讶地问道："我写？"

"是的，你写！员工艺苑这个栏目本来就是员工投稿，这篇就算是你的投稿啊！"可可接着说："你写完了给我看一下就好了！"

虽然我非常热爱阅读、写作，可是这么突然地"约稿"的确让我有些措手不及。一个职场新人能写出什么关于工作与生活的文章？我有些苦恼："我什么都不懂，能写什么啊？"

可可笑着对着我说："你怎么会什么都不懂？你写写你初入职场的心得体会就很好啊。才一个月，你已经能胜任好多工作了，很快融入到了这个团队中来。相比大多数的职场新人，你已经非常优秀了。你可以把你如何快速将自己的身份从学生转换到员工的秘籍分享出来啊，对其他新员工也是莫大的帮助，不是吗？"

我听可可这么说，反倒有些不好意思了。可可哪里知道我初入职场时的那些不安和彷徨，但我还是很开心，在自己的努力下快速地融入到工作中，确实有了不小的收获。我答应了可可的要求，接下了这次"约稿"。

电子杂志上线了，组里的同事看到了我写的文章，纷纷赞扬找文笔出众、逻辑清晰。我小小的虚荣心得到了一点点的满足。我满心喜悦地开始设想自己安稳的工作，陪在父母身边安逸的生活。

世事岂能尽如人意？我突然接到外派香港的通知，一切是那么突然。

香港——灯红酒绿，花花世界。能有机会走马观花已是福气，自己现在有机会常驻，等于变相深度旅游啦。能近距离了解、接触，天大的好事！

不，不行。我要是去了香港，父母怎么办？他们快六十岁了，身体日渐衰老，都说女儿是父母贴心的"小棉袄"，他们有个头疼脑热的，我不在身边，想喝杯热水，都不能给他们倒上。养活女儿这么多年，连这点事都帮不上忙。

我毕竟刚刚参加工作，遇事没个经验，听了同事们七言八语的分析，很是心慌，不知道要怎么办才好。

多年后的我端着一杯热茶，想起那个时候的自己真是傻傻的，傻得可爱。要不是我的妈妈……哈，耳边还真是又响起了当时与妈妈的对话："今天怎么啦？有什么事和妈说说。"

听完我的叙述，老妈斩钉截铁地说了一个字："去！"

"妈，您说什么？"

"闺女，你去吧！先不说到了香港能开阔眼界，就是你自身的能力也不是在妈跟前就能锻炼出来的。机遇从来都是留给有准备的人的。妈是不想让你以后后悔。"

我感动地搂着妈妈哭了。妈妈又说："比起我闺女在身边陪着，我更希望她能有出息，现在我和你爸还能照顾自己。再说了，你总在我们身边陪着，我们想过二人世界，还必须找个你不在的时候，多累啊！趁着年轻，也让我们再浪漫一回呗。"

依偎在妈妈的怀里，那种甜蜜的幸福让我笑出了声，我说："原来想着我走，是因为你们想浪漫啊？全不顾女儿啦？万一那边水土不服，万一那边……"

"我闺女是人中龙凤，经得起大风大浪的，不就是香港吗？要是真遇到麻烦，只需举起手臂大声喊：我是希瑞，赐与我力量吧！"妈妈一边说着，一边也举起了手臂，学着动画片中人物的表情，惟妙惟肖，逗得我前仰后合，笑个不停。潜伏于心底的忧郁一扫而光，立马从内心到外表又回到阳光灿烂。

是啊，母亲的宠爱就是阳光。

后来，我才知道被外派香港的真相，居然如此简单——遇到了伯乐，我那次"凑数"的"约稿"成为了自己被外派的契机。

我不得不承认，自己是幸运的。那篇小文随着记忆的远去而印象全无，但它却是我人生中的"敲门砖"。我之所以在职场生涯中能够渐行渐美，越来越感受到处处荡漾着的幸福，全赖于它。

怡彤老师说

回想起来，我在很短时间内就经历了一次职场上的变动。这次变动犹如突然而至的春天，一下子让我感受到忽如一夜春风来的气息，而职场的春天，往往是人心思变最集中的时期。我现在分析当时的犹豫与忐忑，是因为这个选择不由我做主。工作到底是为了什么，我曾认为是为了父母，后来渐渐想明白了，是为自己而工作，为了实现自我。我很感谢当时父母的开明，没有禁锢我，而是让我去展翅飞翔。

有一位高管曾说，职场的变，有时候不在于需要，而在于证明。那到底是证明什么呢？从心理学的角度而言，证明必须是一个强有力的说服驱动力。因此，职场驱动力，在变化之前，各位是否都能看得清楚呢？

我想引用一句话："没有工作，所有生命都会堕落。但当工作欠缺了灵魂，生命将会窒息。"

如果工作的驱动力足够强，那么你在工作中的使命感、满意度都会大大提升。你的生命因工作而变得更加旺盛、繁茂和充满活力。工作所蕴含的灵魂是什么呢？如果能够找到它，驱动力也会更加动力十足。

当我们将积极心理学应用在工作上时，我们会不约而同地强调"选择事业的原因"——工作的基本驱动力。因为如塞利格曼教授所言，人生满足感（Life Satisfaction）的方程式包括快乐（Pleasure）＋投入（Engagement）＋意义（Meaning）。

按照这个程序，如果我们要活得精彩，我们需要面对的一个主要问题便是"在存活的进程中，我们选择做一些事的意义是什么"。当我们选择了一种职业，在这个行业投入时间和努力会为我们带来什么意义。只有想明白这些，工作才不会乏味。因为事业成功的人，总能在每种工作中寻找赋予自身的意义。

这里，也请你写下属于自己人生满足感的方程式：

人生满足感(Life Satisfaction)＝快乐(Pleasure)＋投入(Engagement)＋意义(Meaning)

即：

人生满足感（Life Satisfaction）：＿＿＿＿＿＿＿＿＿＿＿

快乐（Pleasure）：＿＿＿＿＿＿＿＿＿＿＿＿＿＿

投入（Engagement）：＿＿＿＿＿＿＿＿＿＿＿＿＿

意义（Meaning）：＿＿＿＿＿＿＿＿＿＿＿＿＿＿

职场初挑战——和"我不知道"说拜拜

"到香港一个多月了，我对这个曾经陌生的城市也渐渐熟悉起来。对于这个城市，我有些害怕又有些向往。害怕当我熟知这个城市的大街小巷后，再在离开时的伤感，但是我同时又迫切地想了解这个城市的每一寸美好……"

我合上日记本，端起手边的茶杯，揭开盖子，一股氤氲烟云腾起来。

"凯莉，走啦，去吃饭咯！"中午休息，我关了电脑屏幕，邀同事一起下楼吃饭。

"哎，你帮我带饭好了。我这个 Excel 又出问题了，这个公式怎么都用不上！"凯莉说。凯莉是香港办事处的销售助理，因办事处人不多，大部分员工都在一个大的办公室里办公。虽然各属于不同的部门，但彼此又都非常熟悉，因为凯莉和我是同一时间进的公司，我和凯莉

又格外亲密一些。

我说："哎呀，哪儿有做得完的工作，坐了一上午，我们出去走走嘛！"

"那你帮我看看这个？离完成就一步之遥了，帮帮忙吧！"凯莉有些为难。

我招架不住别人哀求："其实我也不是很懂……不过我可以尽力试一试。"说完我就来到凯莉的电脑前。

我看了看，熟练地动动鼠标，几秒钟之后，问题迎刃而解。凯莉大赞我专业，我们开心地往电梯间走去。

吃完饭，凯莉对我说："你有没有觉得你很喜欢妄自菲薄？"

我惊讶地转过头看着凯莉，"有吗？没有吧！"说完之后，我心里还有点小高兴，心想，被人认为妄自菲薄总比被认为狂妄自大好吧！

凯莉说："有啊，我觉得你太过于谦虚了！"

我和凯莉虽是同事，但两人之间有朋友的情谊存在，说话也比较直接。"谦虚不是好事吗？"我问道。

凯莉立刻回答："当然是好事啊！不过……"

我打断了凯莉的话说："我知道，你要说过分谦虚就是骄傲嘛！主席的教导还是很深刻的！"

凯莉轻轻地拍了嘻嘻哈哈的我，接着说："别调皮了！你不是那种过分谦虚，我总觉得你喜欢把自己想得很糟，但实际上你比自己想的要优秀得多！"

我赶紧说："哪里！你又逗我开心。"

凯莉说："心理学上有个卢维斯定理，你听说过么？"

"没有！内容是什么？你说来我听听，看看毛爷爷说得对还是这个卢维斯说得对！"我表面上漫不经心的打趣，心里其实已经非常在意。

凯莉说："你看你，一点儿正经都没有！我大学可是辅修心理学的。在美国有个很著名的心理学家卢维斯，他提出：谦虚不是把自己想得很糟，而是完全不想自己。"

我有些疑惑了，我还是第一次听说心理学可以这样在职场中应用，兴趣一下子就被激发了："我不是很懂这句话，你好好给我讲讲。"

凯莉却故弄玄虚地说："只可意会不可言传！"

我也只好假装不放在心上，两人又嘻嘻哈哈回公司了。

凯莉几句无意的话却引起了我的注意。在那之后，我一直在琢磨这句话背后的深意，一边琢磨，一边开始留意自己的言行。

我发现，我总是有意无意地喜欢说："我不知道……"、"我不是很懂……"、"我其实不会这个……"就像凯莉说的那样，我喜欢把自己说得很糟。每当有工作分配到我的手上，我总是会将这类言辞脱口而出。这让其他同事总是露出不信任的表情，好似我一定会把工作搞砸。当我顺利完成任务的时候，同事们很少表示赞许，仿佛我就是胜在侥幸上而已。

"我是不是有些虚伪啊！"我开始在心里反问自己。小时候我读《论语》里面写：知之为知之，不知为不知。我觉得自己知道却假装不知道，这确实有点"虚伪"。

当时的我虽然还不明白什么是卢维斯定理，但我决定改变自己，让自己学会真正谦虚。当两个人并不是那么熟悉的时候，我们的交流仅限于一些显而易见的方式，如言语和文字。这个时候我们虚假地表示自己"不知道"、"不太会"会让别人真的以为你非常糟糕、没有水平，这直接就导致了自己的专业被质疑。当我们把自己说得很糟糕的时候，内心也在加强自己很糟糕的想法，这明显不利于我们树立自信心。

接下来，我规定自己和"我不知道"说拜拜，再有人让我解决问题的时候，我会下意识地对自己说，不要把"我不知道……"脱口而出。知道就是知道，不知道就是不知道。我发现大胆承认自己知道的事，并没有让自己显得高傲自大，反而从同事那里获得了更多的信任，大家更加乐于把事情交给我去办。

怡彤老师说

我想详细给大家讲解一下卢维斯定理。卢维斯是美国的一名心理学家，他凭借多年的工作经验提出：谦虚不是把自己想得很糟，而是完全不想自己。如果把自己想得太好，就很容易将别人想得很糟。

孔子是我国古代著名的大思想家、教育家，学识渊博，但从不自满。他在周游列国时，在去晋国的路上，遇见一个七岁的孩子拦路，要他回答两个问题才让路。其一：鹅的叫声为什么大。孔子答道：鹅的脖子长，所以叫声大。孩子说：青蛙的脖子很短，为什么叫声也很大呢？孔子无言以对。他惭愧地对学生说，我不如你，你可以做我的老师啊！

即使是圣人，在专长的领域之外，也要保持谦虚的心态，把自己放在最低的位置。

很多人会问我一个问题：如何掌握锋芒毕露和过分谦虚的尺度？刚进入职场的新人在工作中可不可以尽情发挥自己的才能？

我想用卢维斯定理说明：在职场上，可别因为过分谦虚而失去了彰显自己才华的机会。任何公司或是企业，都希望有谦虚且有能力的员工，所以别把自己伪装成一无是处的人。建议读者可以凭着在学校获得的自学能力，慢慢雕琢自己，使自己真正变成职场的宝石。但所谓"树大招风"，不要一开始就让自己太突出、与众不同。比起显示自己的能力，这个时期在了解工作上下功夫更为重要。关于工作上的提案或自我表现，待一切熟悉后便可尽情发挥，一定不能一味地锋芒毕露。

真正的谦虚是不会让人觉得你"虚伪"和"不真实"的。做人一定要谦虚，狂妄自大的人在哪里都不被欢迎。职场新人更是应该谦虚谨慎，快速成长的秘诀首先是多向职场前辈们学习，先模仿再创新，这远比自负自大有用得多。其次，谦虚也要掌握一个适当的度，过分谦虚就会变成骄傲、虚伪。过分谦虚也会让自己在心理上不断聚集负能量，这不利于新人成长。

职场新人刚走出象牙塔，进入社会，面对社会和学校的巨大反差，总是会有些惊慌失措。没有经验、稚气未脱，让他们不自信。为了缩短自己和职场达人的距离，职场新人有时盲目地跟从书本、老师传授的经验。谦虚固然是好，但谦虚也是要有一个度的。掌握好谦虚的度，才是职场常青的重要保障。

第 2 章

静下来，才能更好前进

透过真相看本质

办公室里气氛凝重，老王和唐崧正在对峙。唐崧是总公司一把手的侄子，因在总公司闯了祸而被"发配"到香港。唐崧的背景众所周知，对于他的横行霸道，大家敢怒不敢言，而今天这事，确实让老王难办。

王威是香港办事处业务部的主要负责人，是一个年轻有为的高层领导。王威和我们有一定的职位差别，但大家都亲切地叫他老王，我为了以示尊重，一直叫王哥。

"一大早把我叫到公司，就为了这屁大的事？"唐崧显然有些烦躁。

"唐崧，你平时的考勤情况，我很少过问，可你这次惹这么大的祸我怎么跟上面交代？"老王在气势上明显矮了一截。

"你该怎么交代就怎么交代，我管不着！"唐崧看了老王一眼。我刚刚到公司，并不知道事情的原委，疑惑地看着旁边的同事，同事们示意我不要说话，偷偷拉我坐下。我的办公桌正对着老王，唐崧则坐在我的背后。

我的位置一下子成为了暴风雨的中心。

"我交代不了！"老王被彻底激怒了，指着唐崧说："你现在就去给张总道歉，什么时候原谅你了，你再回来上班！"

唐崧还是头一回看到老王这样发飙，也许觉得自己理亏，他也没有说什么，杯子"嘭"地一声砸在卡位上，提着公文包出去了。

"怡彤！你给我盯着他，别给我整出更大的乱子！"老王对着我顺口一喊，我莫名其妙地被派了出去。

此刻的我还不知道出了什么事，看到老王这把大火，也不好说什么，提上小包，小跑追上唐崧。我刚到办事处一个多月，只知道唐崧是公司出了名的"太子党"，其他则知之甚少。

"你跟来干嘛？"唐崧还在气头上，大声对着我喊。

"王哥让我来帮你打下手！"我肚子里也是一把火，"谁愿意跟来似的……"我背过身，看着电梯里的镜子。镜子里面的我，小脸鼓鼓的，双手交叉在胸前，一副拒绝的姿态。我心想，有什么大不了的，大不了开除我，何况你唐崧还到不了一手遮天的地步。我就这样迎来了人生的第一次职场大考。

路上，我并没有和唐崧谈到相关话题，只听老王说要来道歉。我知道不会从唐崧这里得到真正的答案，所以完全没必要自取其辱。我跟着唐崧来到目的地，唐崧有些尴尬地到去前台递上了名片，前台让我和唐崧在会客厅等着，没人过来倒杯水，也没有下文，我俩就傻傻地等着。

时间一分一秒过去了，没有任何人来搭理我们，我也没准备搭理唐崧，起身去洗手间。

从洗手间返回大厅的路上，我看到一位女士拄着拐杖，正艰难地往洗手间方向挪动，我想也没有想，就走上去扶住那位女士。

"您慢点，前面洗手间的地板好像刚拖过，很滑，我扶您进去吧！"我对女士说。

"真谢谢你了。"女士表情放松了一些，庆幸有人扶自己，不然不知道还要多久才能"挪"到洗手间。

"您客气了，举手之劳，您可真敬业啊，受了伤还要到公司上班。"我不禁佩服道。

"我也不想啊，如果不是昨天遇见了一个人，也不会这么狼狈。今天有个非常重要的会议，不得不出席。"女士可能发觉自己在一个陌生人面前抱怨有些不合适，说到一半就戛然而止。

我把女士送进洗手间，准备回会客厅，但又觉得让一个"受伤"的人独自回办公室有些不厚道，反正现在回去也是和唐崧斗气，那还不如把这位女士送回办公室。

那位女士从卫生间出来的时候，见我并没有走，显然有几分惊讶，但更多的是感谢。我扶着她走到办公室，看到她的办公室门上写着"技术支持部 · 张鑫欣总监"。

这个该不会是老王口中的"张总"吧？我琢磨了一下，面前这位很有可能就是甲方公司的领导，也不知道唐崧怎么把人得罪了，我想赶紧溜回会客厅，找唐崧问清楚。

张总开了口："谢谢你，你是哪个部门的？新来的吗？我好像没有见过你！"我赶紧笑着说："不客气不客气，我不是你们公司的……"说完之后，心里后悔死了。这下惨了，自己连事情的原委都不知道，这样冒冒失失见到了当事人，会不会让情况更糟呢？

张总说："那你是……"

我只好硬着头皮说："我是信息公司的，我叫怡彤，我跟着唐崧一起来的！"张总的脸上立刻蒙上了一层寒霜。我心里虽有些着急，可倒还算淡定。我根本不知道事情的严重性，也没有太多顾忌，而且张总朴质、敦厚的长相，让我稍微有些放松。

张总说："你们来干什么？"语调里听不出情绪。

我挺了挺腰，说："来道歉！"我在心里想，最多把我轰出去，总不至于把我吃了吧！说完之后我仿佛在等着张总冲我发火，谁知道张总居然噗嗤一声笑了。

张总说："小姑娘，你倒是很勇敢，你不紧张吗？"

我摇摇头说："我紧张呀！可我们做错了事来道歉，这符合礼数。"

张总点点头，对我说："小姑娘有胆识，你回去跟王威说，唐崧的所作所为是个人行为，和你们公司无关，我对你们公司的信任并不会因为唐崧这样的人而有所打折，反而会因为你的勇敢和热情有所增加。"

说完之后就让我和唐崧一起回去。我就这样莫名其妙地像颗子弹被打了出来，又莫名其妙被挡了回去。回到公司，我把事件的始末跟王威做了汇报，王威紧绷的神经才得以放松。

事后我才得知事情的原委，"昨天，唐崧去给张总送工程方案，结果张总对方案中的一些问题产生质疑，而这些问题恰好是唐崧负责的部分。唐崧在和张总理论的过程中急了眼，情急之下将放在图纸上的笔记本电脑顺势掉到地上，正好砸在张总的脚上。"

我在不知原委的情况下，勇敢地向张总道歉，不卑不亢的态度得到了张总的尊重。但凡做大事的人，一般不会在这种小事上跟人计较，张总也并没有因此多为难我。

事后，我想起这件事，也不知道是该庆幸还是自豪，这也算是顺利平息了职场中的第一场风波，我的勇敢不仅帮助公司解决了难题，也让王威对我的能力刮目相看了。

怡彤老师说

在我再回想这段经历的时候，唐崧那嚣张的气焰、火爆的脾气还历历在目。唐崧拥有我们普通人不具备的身份，这是我、老王等人望尘莫及且无法改变的，不能说不羡慕嫉妒恨，但只能坦然接受这个现实。我们不能选择与谁共事，但是我们能选择以何种心态与之交往。

现在的职场更加公平、透明，能力逐渐成为核心竞争力，这给更多有着梦想的年轻人机会，但我们在职场中依旧会遇到各种各样的人或事，所处的环境中也会有"太子党"、不按常理行事的上司、强硬的客户等。这的确让人头疼，怎么办？逃避不是解决问题的途径，我建议大家面对不同的环境以及不同的人，具体问题具体分析。在日常工作中处处留心，办事有条理、遇事不忙乱，不给好事者留下挑拨的借口。如我之前遇到的唐菘，他所具有的硬件条件不是我能够具有的，面对他的蛮横，我并没有耍"公主"脾气，而是有条不紊，灵活应对。

另外，职场新人积极、主动的"好人心态"是可取的，一切以主抓业务提高业绩为主，这才是行走职场的关键所在。

我想平淡、就事论事的心态是我能顺利处理唐菘惹祸事件的原因之一。每个人在职场中都是平等的，如果自己把自己的位置放得很低，难免就会显得底气不足。我们都是来为公司做事的，有什么不一样呢？只有这样想，气场才会变得强大，才能让对方尊重你、敬重你。很多新入职场的人问我如何处理突发性业务事件，我给大家几条建议：

建议一，拒绝工作中的"不小心"

这个世界上，每天都因"不小心"而有许多悲剧发生，人身伤亡和财产损失简直无法估量。在工作中，精确与忠诚是一对"孪生兄弟"。一个员工有做事精确的良好习惯，要比他的聪明和专长更重要。人总会犯各种错误，究其原因，或是由于观察得不仔细，或是由于思想不缜密，或是因为缺少足够的理智，或是因为行动的粗劣。只有做事认真才能避免那些"不小心"带来的悲剧。

建议二，建立严格的秩序

缺乏明确的规章制度，在工作中便容易产生混乱引发各种问题。"没有规矩，不成方圆"，这句古话形象地说明了秩序的重要性。同样，如果有令不行，有章不循，每个人都按照自己的意愿随意行事，只能造成资源的浪费，甚至产生很多不能预料的苦果。只有理清这些"无序"的起因，才能预防工作中的突发事件；或者当突发事件发生后，能及时对症下药，解决问题。

建议三，多一点补位意识

人在职场，我们不仅要把自己的工作做到位，还要善于补位。合理的补位能让自己的工作变得更加圆满出色，能将突发事件的不良影响降到最低。想他人所未想，你才能随时应对突发的各种问题，才能把"泥饭碗"变为"金饭碗"。这样的人一般是不会"下课"的，因为别人的需要就是他们生存的最好条件。

同化还是异化?

我走在回公寓的路上，那些放了学不回家的孩子在小区广场上追逐嬉戏，有些家长在旁边厉声叮嘱，这些不禁又让我开始想家。来到香港，有忧愁，有失落，但也有惊喜。

我写的文章在总公司的内刊上陆续刊登。为了鼓励员工投稿，总部公司的宣传部门决定对我进行宣传。这下可把我忙坏了，不仅要写稿，还要配合摄影师在公司内拍"个人写真"。

宣传部门对这件事情格外重视，专门从广州派来了一个摄影团队来完成这项工作。我有种身在福中不知福的感觉，在镜头面前显得很"菜鸟"，各种摄影动作和表情都比较生硬。拍照对我来说是件苦差事。

我刚刚参加工作，对一切还都不熟悉，也不敢贸然行事，摄影师怎么说，我就怎么做。更苦恼的是，摄影师把拍摄地设在办事处里，这下可把我愁坏了。倒不是担心不上镜，主要是在同事们面前摆起POSS还是挺困难的。

面对有些同事的"冷眼旁观"，我胸中有些怨气，可碍于自己刚进公司，只好把火气一压再压。不过，笑容的味道已与平常有所不同，我用具有深意的目光直盯着那个摄影师。

做好各种准备之后，摄影师控制着自己身体的角度，镜头对准我。我在镜头面前的表情倒还算丰富，可无论哪一种都透出僵硬。下午三点半，一直在镜头后面看着我的摄影师终于举起了白旗，对大伙喊了一声："收工。"

我疑惑地看着摄影师那张终于没被相机挡住的脸，摄影师早被我看毛了，有些腼腆地说："你刚才听到'害羞'两个字时，笑得非常自然，一切刚刚好，可以收工了。"

在总公司的内刊上获得宣传的机会，这对职场新人来说是莫大的荣幸，有些人一辈子可能都不会拥有这样的机会。我是个幸运儿，意外获得了刊登文章的机会，又莫名其妙地获得了总公司的"榜样"资格，但这背后不仅有艰辛，还要面临职场中的人情冷暖。

拍摄工作终于结束了，看看时间，离下班还有一个小时。我这才想起来手上还有一些本职工作。收拾好我回到自己的办公卡位。

回到自己的位置，我就觉得四周有异样的眼光在看着自己。

"任务都结束啦？"老王先开了口，"现在离下班也没有多少时间了，你可以提前下班回家。"

"哦，我手上还有工作没有做完啊！"我边说边弯下腰打开电脑，这个时候听见隔壁的同事小声说："扮嘢嘢（装模作样）！"

我呆住了，不知道自己哪里做错了，怎么会得罪到同事？我自从来到了办事处，凡事都小心谨慎，基本上没有出过错。别人怎么做我就怎么做，我在香港无亲无故，如果和同事关系还处不好，那岂不是很悲惨？自己好端端的，怎么就把同事得罪了呢？我心里难过极了，有些不知所措。

我深深吸了口气，坐下来想，自己和别人的略微不同就足以触碰到别人的禁区。自从学习回来后，我在穿衣打扮上明显趋于正式化，每天妆扮得非常精神、得体。我对工作的态度也是认真的，可是办事处是一个人多事少的地方，大家已经习惯了懒懒散散，我积极的态度一下子就反衬出他人的消极怠工，这当然会让个别同事感到不高兴。

难道我就应该跟他们一样，自由、散漫，工作得过且过吗？我刚冒出了这个念头，心里就生出另外一个声音告诉我——绝不可以！

这个时候电脑已经进入了系统，我挺直了腰和背，点开文档，开始了自己的日常工作。

怡彤老师说

我现在想起那段受人"白眼"的时光，倒是有种庆幸的心理，我没有被那些人同化，而是坚持做最真实的自己。我感谢我得到了公司的"奖励"，如果你以后有机会成为管理者，要善用"奖励"这个激励手段鼓励新人。"奖励"是公司为了起到某种作用而做出的决策，例如，我在公司的内刊上发表了很多优秀的文章，我的行为得到了公司的认可，被当作典型进行宣传。这既是对职场新人的"奖励"，也是公司管理的重要手段。

面对突如其来的"恩惠"，职场新人需要谦虚、谨慎，因为你可能因此变成他人的眼中钉、肉中刺，也可能借此机会完成职场的一系列转变。这两种结果都取决于自己的态度。新人不等于弱者，在做到谦虚、谨慎的同时，要保持平稳良好的心态，勇敢地接受来自公司的一切奖励。

进入一个相对陌生的环境，我们需要迅速融合、迅速成长。每一家公司都有自己的行事风格，我们可能看不惯，但这是职场、这是事实。我们无法以一己之力改变这种情况，想要得到别人的承认、尊重，给你机会，那你就必须脱颖而出，即使被那些消极的人唾弃，也不要放弃，因为我们不需要得到弱者的认同。

说到这里，我想扩展一下心理学知识。例如，之前看不惯我积极主动工作的同事，或许安逸稳定的工作让他们陷入一种温水的环境中，但太安逸享受会让人行事消极。消极是一种思维和行为惯性。职场中的人，一旦染上这类毛病，职场人生十有八九黯淡无光，同时还会让亲近的人受影响，所以要远离职场消极群体。各位职场新人、职场达人有必要给自己提个醒。

那我们为何容易消极？从遗传学来看，人并不是天生消极的产物，但从进化学来看，人类的头脑是有"负面偏好"机制的，它是指人会更多注意负面信息和时间。消极正好满足"负面偏好"的机制。美国心理学家罗伊·鲍迈斯特等人曾经写过一篇很长的文章《坏比好更强大》。其中，就谈到"坏印象比好印象更容易形成，人们更擅长记得或处理坏信息"。因此，所谓的"坏"事情、"坏"印象、"坏"言行、信息都成了滋生"消极"思维和行为的土壤。我们日常的生存环境中常常围绕着"强化负面，缩小正面，夸大消极，弱化积极"的氛围，也起到了一定的反作用。

职场小社会反映大世界。消极如感冒病菌，无处不在，散播极快。我有一次在培训中设计了一个游戏。两个小组各耳语传播两个消息：一个积极的好消息和一个消极的坏消息。前者字数少，后者字数多。最后是检验小组人员对消息的传播失真率。结果反馈，字数多的消极消息传播失真率低，而字数少的积极消息传播失真率高。由此可见，消极的感染性和传播范围不容小觑。

带着消极思维和行为的人，在职场中，往往有什么表现呢？其实他们在生活中也都很接近。消极人群可概括为 9 个特征：

- 喜欢抱怨的人；

- 过分依赖的人；

- 极度敏感的人；

- 咄咄逼人的人；

- 肆无忌惮的人；

- 不会说谢谢的人；

- 没有信用的人；

- 自私的人；

● 不肯做出承诺，又不放手的人。

消极是职场"毒药"。职场消极人群的语言中常出现很多负面、否定的词语。语言是思维结果，行为是语言的演绎。消极的人自身往往意识不到自己的消极。我问过很多消极的人，他们并不认为自己处在消极之中，而是认为这是真实的现状。我也看到不少"积极"的人喜欢与消极的人争辩，希望消极的人得到改变。事实上，这是徒然的。消极的思维惯性力量之大，不是一般人可以轻易改变的。认知改变、认知重组、惯性养成是一系列专业人员采取的方式。最后成功与否还要取决于消极的人是否愿意改变。

因此，在职场中，我们要保持自己积极的心理状态。为此最容易做到的就是"远离"——在内心建立一种免疫力。不要让危害大、破坏强的信息源突破内心防线，感染了我们。

加强内心免疫力的几个步骤：

1. 尽量远离职场消极人群（如上述的 9 个特征）。如果不能远离，如老板、上司等人，那么就多关注对方的积极层面（任何人都有积极面等待你发现）。

2. 建立自己的积极心态账户。每天在睡前或上下班路上，自己静静回忆一下今天所遇到的积极人物和发生的积极事情。多存储积极的记忆，少看一些来自媒体的负面报道，降低负面偏好惯性。

3. 每天用言语肯定自己，不少于 1 件事。肯定自己可以是默默在内心念叨，也可以写成文字记录下来。每天肯定自己 1 件事，这对很多职场人而言是可以做到的。

职场新人，不行也得行

到香港快三个月了，除了家、办公室两点一线的生活轨迹之外，我对香港的了解还寥寥无几。职场靠的是一口气，在职场新人的字典里即便有"不行"两个字，也尽量要少发出"不行"两个音。

这天早上，我带着忐忑的心情早早来到了公司，我并没有感知到公司出现的任何异常情况，可我知道，王威一大早就在公司里等着向我要一个答案。

事情是这样的，就在昨天，正当我收拾好东西准备下班的时候，王威走到我跟前说："今年我要调到集团去了，可是我们营销中心的工作任务还没有完成，为了尽早完成中心的工作任务，我打算临时让你分担一些业务量，你有没有这个信心完成任务？"

王威的困惑也是办事处的困境，年底将至，如果营销中心的工作任务没有完成，那么对办事处来说会有变成总公司"鸡肋"的风险。这个问题如晴天霹雳，我从来没有想过要直面未知的客户，我只想做好助理的工作，再说我根本不知道什么是销售，对产品的技术问题也还是一知半解。

在职场，机会永远是留给有准备的人的。王威也知道这件事对我来说是个极大的挑战，但他也没有办法，毕竟是总公司的死任务，他必须完成，他还是给刚刚进入职场的我留有余地："你不用着急回答我，明天上班的时候给我答案吧，要是不行我再找别人。"王威临走前的话语已经刺痛了我争强好胜的心，而王威所要的正是这种效果。

"你行不行？这是我们公司的产品简介和技术说明，你拿去看看，一个小时后咱们到会议室。"还没有待我回答行还是不行，王威已经把材料交到我手上，我心里明白，面对这个任务我无法拒绝。

"倔强"是我的天性，初出茅庐在此刻是绝不会退缩的，我一口气把材料看完，不到一小时的功夫我已经来到会议室。见到我的到来，王威并不感到意外，他了解我不服输的个性，他示意我坐了下来。

在会上，我的到来得到了大家的热烈欢迎，但我内心却忐忑不安。在我还没有回过神来的时候，真刀实枪的商战就要开始，我已经被动地卷入其中。从今天开始我将带着公司的简介和产品说明书去敲开客户的大门，"撬开"我那隐藏在内心的羞涩。

铜锣湾的街道我来过很多次，可从来没有像这回这样无助。我在街上徘徊着，本来已经约好的几个客户都很"忙"，大多是应付我一下，而今天就剩下最后一个目标了，我怀着不安的心情走进客户公司的大厅。

"小姐，你先在这坐一下，我们经理现在正在开会，过一会儿我通知你。"面对口齿伶俐且自信的经理助理，我很是羡慕。虽然走进来之前我鼓励自己要拿出勇气，可我依然没多少信心。

没过多久，我获准进入客户办公室，由于今天已经有几次拜见客户的经历，我在这次的客户见面中没有显得那么紧张。我并不是很熟练地将公司的产品和技术特点背了出来，自我感觉还好，没有像前几次那么难堪。

接连几天，我拖着疲累的身体回到办公室，突然感到办公室的环境是如此舒服、放松。我逐渐认识到市场竞争残酷，在这个过程中，我被刁难过、斥责过，有好几个晚上我甚至躲在被窝里流泪。

晚上回到家，接到妈妈的电话，我懒懒回应着妈妈的温暖叮嘱。

"你怎么了？你今天晚上怎么怪怪的？"妈妈关切地问道。

我把这几天遇到的情况告诉了妈妈："我现在被临时调到营销中

心帮忙，我们公司的这些客户太难伺候了，经常约不到人，有的时候好不容易约到了，可还不被讨好，我整天累死累活的还是没有出像样的单子。妈！我是不是不适合这份工作，是不是应该重新回到原来的工作岗位呀？"

在电话的另一头，妈妈听出了我的困境，她很担心我，可她仍保持淡定，她希望我能够自己走出来，"还真看不出来，我的女儿真人不露相，竟然还能干销售这个活！虽然累，妈妈希望你能坚持下去，这是难得的锻炼机会。妈妈要说的是，我们都是凡人，都需要通过锻炼、努力，才能提高自己的成绩。在机会面前，我们要控制自己的情绪，不要把困难夸大，这只是一个普通营销人员的普通工作而已。"

第二天，在团队小组成员会上，王威问我最近的客户情况，并鼓励我将这几天的工作情况向大家说明一下。在王威的坚持和帮助下，我很认真地做了一次客户总结，在提到自己不足的同时，还向其他团队成员请教了一些业务上的问题。所有的问题终于解开了，在改变沟通方式、内容，改变自己形象后，我继续与客户"周旋"。在接下来的几天里，我非常激动，我顺利地和几个客户建立起了良好的沟通关系。

怡彤老师说

渴望得到机会，渴望自身的价值被认可，这是职场人之常情。想要什么并全力以赴，则是成事儿的常规。当过去的期待、过去的习惯，并不支持今天的目标时，仍不肯改变，这就相当于停止自身的成长了。工作除了用来谋生之外，原本也是完善自己、创造价值的途径，如果一个人不成长，何时才能真正成就自己呢？

当然，成事儿往往需要多个条件同时具备，就像高考录取要看几门学科的总分，而不只看单科分数一样。对于想在职场上获得认可的人来说，一方面做出成绩，另一方面让公司或上司了解你的业绩、实力、潜力，两者都不能少。能做事的人，前者已经具备；在擅长做事的基础上，稍微增加一点主动性和灵活性，则会如虎添翼。

从被动到主动的过程中，我们可能需要放下一些错误的观念，如主动表功不太好，主动提要求很没面子，跟上司走得太近涉嫌拉关系、阿谀奉承，等等。其实，只要业绩、实力是真实的，本人出来展现真相并无不妥。但凡这个人做到的事情值得更高的回报，那尽可以君子坦荡荡，想要直说。

职场中，有人会在绩效考评会谈或任何适当的与上司交流的场合，诚恳说明自己做了哪些事情、学到什么东西、下一步有何打算，直接表明想要承担更多责任的意愿。同时，也要了解上司的看法、反馈、忠告、指导建议，包括在暂无机会升迁时，明确请教上司若要得到某个机会，自己还需具备或创造什么样的条件……这些纯属正常的职场沟通，跟拉关系奉承，还真没关系。

当你为自己尽力，并增强主动性和灵活性之后，你会从只关注事儿，转向既关注事儿，也注意与同事的交流，善处身边的人际关系。能兼顾人和事，往往比只关注事儿，成功的几率大得多。

增强与人的有效交流，其实也在从自我中心的习惯中走出来，去融入现实环境。"我已经这么努力，为什么还是没等到机会"之类的抱怨，其实是"从我出发"的单一视角。站在这个视角，你看见的全都是"我付出的"和"我没有得到的"，很容易让人感到内心失衡。

然而当你主动去了解，在这个环境里，为了得到我想要的，需要付出或做到哪些，这便走出了原先个人的习惯视角，开始去了解公司或他人的需求和要求。工作中会有无数的团队合作，很少单兵作战。兼顾彼此的需求是合作意识的重要部分。能有意识地去找出自身需求与机构需求的对接点，从这里入手去努力，会更容易实现快速成长。

我们常说，各种环境下，开放而有灵活性的人会更具影响力。同样，能了解和兼顾双方甚至多方需求的人，一定比只看见"我要什么"的人胜算更大。

第 3 章

做职场斗士

不当"老好人"没关系

年轻人喜欢幻想本没错，但若是整天都沉浸于幻想之中，那就麻烦了。漫步云端的感觉虽然很美妙，但梦醒时分，还是必须接受这个万千现实的世界。

一个季度结束了，我负责和凯莉一起做宣传工作的季度总结。凯莉却在下班的第一时间跟我"告假"，说自己有个聚会必须参加。本来要两个人做的事，最终只剩我一个人孤零零在办公室里奋战。

"叮咚！"我的手机短信响了起来。我打开手机，手机里显示着凯莉发来的短信："我还是觉得留你一个人在办公室加班良心不安，这样吧，你做完文字部分就下班吧，数据部分我回家做，明天咱们再合在一块。"

"算你有良心！"我飞快地回复了凯莉，又埋头在总结里。

"这个部分似乎不是很完美，再改改好了。"我写完了自己负责的部分，又回头看了两三遍。凯莉经常笑我是上升处女座，说我有追求完美的强迫症。我对工作总是精益求精，受不了在自己力所能及的范围内做得不完美。检查好了之后，我发给凯莉，安心关掉电脑回家了。

第二天，我刚到办公室，就看见王威黑着脸。凯莉站在王威的旁边，低头一声不吭。王威说："你过来。"我能明显听得出王威的生气。

"领导，怎么了？"我送上一个温馨的笑脸。

王威低着头对我说："你看你们写的总结，写的什么样子？数据全是乱的，一点儿逻辑都没有，马上就要往上交，你们准备让我用什么交？"

我转头看着凯莉，凯莉背着王威一直向我作揖，求我别告密。我只好闷闷不乐地憋住气。

凯莉见我一句话不说，怕昨天工作松懈的情况露馅，赶紧给王威道歉："老王，对不起对不起，我们现在就去重做，你跟上面说说，我们晚点交行不行？"

老王听见凯莉求饶，也不好再说什么。老王一抬头，却看见我铁青的脸。好不容易浇灭的火一下子又上来了，"你还觉得委屈了吗？"

我依然没有说话，凯莉赶紧把我拉回了座位。我心中只有一个念头：我怎么这么倒霉！一边想，一边打开报告与凯莉一起整理数据。

好不容易赶在中午下班前，交了上去。王威看了看，没大问题，这才往上交。

"你等一下！"中午下班时间，同事们陆续都吃饭去了，王威喊住了正准备去吃饭的我。"刚才你对我很有意见？"王威轻言细语地问。

说实话，在我心里，王威更像一个长辈，多了一份亲切，少了一分上司的严肃。王威自己也很愿意做长辈一样的上司，就像他要每位同事都叫他"老王"。

我知道，虽然王威好说话，但他毕竟是领导，所以我说了一句"没有！"王威理了理桌上的文件说："刚才凯莉已经在 MSN 上跟我说了前因后果。"

我态度软和了很多："其实也不是什么大事！"

王威说："你初入职场，有些事你还不是很懂。作为你的直接上司和师傅，我有必要告诉你，职场上老好人并不会比别人获得更多，很多时候反而会因此失去很多，你要学会对别人说不。推荐你一本书——心理学家兼管理顾问布瑞克的《不当好人没关系》。"

"可怜之人必有可恨之处"，合上《不当好人没关系》我才知道：没办法对别人说"不"的人被称作"取悦者"。面对凯莉的要求，我不但没有办法说不，当大祸临头的时候，我却仍然选择帮凯莉隐瞒，还没办法说"不"。这是习惯性地取悦别人，这样的取悦其实并不能给自己或是别人带来真正的好处，反而常常造成自己莫大的困扰和压力。

对我来说，我其实还是蛮幸运的，我有一位愿意帮助我的上司，还拥有一颗积极进取的心。我庆幸自己早早地看了这本书，如果我继续在职场上扮演"老好人"，放纵这种心理继续发展下去，到最后可能会导致情绪失控。

在王威的影响下，我对职场心理学多了一份关心，也与心理学结下不解之缘。在每年最冷的时候，好多植物都出现凋零形态，只有松柏挺拔不屈。雪地中的松柏，有坚忍的力量，可以耐得困苦，受得折磨，守得住初衷。

怡彤老师说

到现在为止，我依旧留着这本《不当好人没关系》，曾经发生的这件事刺痛了我的内心。回想那时，我还不成熟，虽然经历了很多，但还在职场中还表现出职场"菜鸟"的心态。我为自己感到脸红，也为自己的行为感到内疚。

我向大家推荐这本由心理学家兼管理顾问布瑞克所著的《不当好人没关系》，呼吁习惯于取悦别人的"好人"，采取行动，为自己而活！

我用心理学知识向大家阐述一下为什么我们想取悦别人。人类在生理上基因的编排和社交模式最深层的指令都会催促我们要积极地寻求他人的赞美和肯定，尤其对奖励（如关爱、社会地位、学校成绩、薪水等）有控制力的重要人物，他们的赞美肯定对我们来说更加重要。

取悦者会沉迷，是因为取悦行为让他们赢得所渴望的肯定。如果某件事让你感觉很好，那你可能会持续去做这件事，以便继续维持这种美好的感觉。

　　一般而言，在我们生命早期角色最重要的是父母。因此，大部分的孩子会试图取悦父母，以获得肯定和安全感。这种看似和谐的亲子关系，有时却因为父母的偏执而变味，让小孩变成依赖"肯定"而行动的"傀儡"。特别是当父母以爱作为奖励的条件时，他们就等于将小孩推上寻求肯定之路，使其最后变成一个取悦者。

　　当小孩的外貌和举止能让父母满意时，父母就会帮小孩贴上"乖宝宝"的标签，也会让他们感受到爱的价值。但是当小孩无法取悦他们时，爱就被收回了。这样条件式的父母之爱，对小孩会有深远的负面影响。

　　这种取悦心理，从儿童时期开始萌芽，随着年龄增长，慢慢地演变成取悦症的三大要素（包括取悦心态、取悦习惯、取悦感觉），最后使我们不知不觉成为一个取悦他人，自己却不快乐的取悦者。

　　喜欢取悦他人的人往往在认知上存在一些错误的认识，取悦者对人际关系有不正确的假设。

　　• 别人的需求、期望，比我自己的需求重要，无论如何，我都不应该让别人感到失望或受挫；

　　• 我应该永远保持和善，不去伤害别人的感受；

　　• 我应该永远快乐欢愉，绝不向他人表现出负面情绪；

　　• 我绝不将自身的问题或需要加诸在别人身上；

　　• 别人应该永远喜欢我、肯定我，因为我替他们做了许多事情。

　　大部分的取悦者相信，如果没有把别人视为优先，就会被人认为是个很自私的人，而自私的人将不值得被别人关爱，最后都会被遗弃，过着悲惨的生活。取悦者认为，必须要不断付出、做很多事来取悦别人，这样才能赢得爱和关怀。

取悦者在人际关系中，总是将别人的需求和自己的需求放在不对等的地位，使得自己的生活常常因为必须配合别人而失调。事实上，行事以自我为本位，跟所谓的自私，是不同的。

在职场中，如果某件事让你感觉很好，那你就有可能持续去做这件事，以便继续维持这种美好的感觉。取悦者总是误认为，只要自己满足别人的需求和渴望，那么就能和谐人际之间的关系。即使别人的需求和渴望会影响自己需求的满足程度，他们依然义无反顾。

我现在静下心来，回头去看我那时的表现，我自己之所以做取悦者的目的，无非就是希望和同事之间关系融洽，希望同事都认为我是个和善的人。可是和善的人并不是一味地说"好"，如果别人叫自己去杀人放火，也说"好"吗？我们都应该敲敲自己的脑袋，幡然醒悟！

人与人之间的关系，从来都不是靠一味地取悦对方而维系的。诚然，在职场人际交往的前期，给同事留下热情、耐心、和善等印象很重要。但是要避免自己跌入永无止境的"取悦症"中，因为你会发现，随着时间的发展，你和同事的关系，并不会因为你说过"不"而变好或变坏。

我给那些喜欢取悦他人的朋友提几条建议：

首先，加强专业学习。强化专业技能不但可以给自己带来自信，而且能使自己的专业技能被他人所信服。

其次，管理自身感受。不要忽略自己的需求、欲望和意见，你的感受和其他任何一个人的感受同样重要，甚至可以是更重要的。

最后，学会有技巧地说不。在职场上一定不能是咄咄逼人地和他人站在对立面，诚恳地说出自己的需求、意见，相信别人也能理解你。

如果以上建议在你脑海中出现次数有限，请念以下的文字：

我自己的需要、欲望和意见，跟别人的同样重要，甚至更重要；照顾自己，让我爱的人知道我也有需求，让他们知道他们也应该承担一点责任来帮我满足这些需求；摆脱寻求肯定癖，做了多少不重要，重要的是你自己的感受；想说"不"，就别说"好"。

好人是可以说不的。如果说"不"让你这么充满焦虑及罪恶，请这样想：为了保留向最重要的人说"好"的权力，唯一的方式就是，对某些人、在某些时候坚决有效地说"不"。在适当的时候向适当的人说"不"，并不损及你在别人眼中的价值。相反地，这会增加你的价值。

"鳗鱼"对"鲶鱼"的恋爱

公司举办了一个精神文明读书活动，以下是我总结汇报的原文。

有这样一个故事。

在日本，有很多渔民每天都出海捕鳗鱼，因为船舱小，等回到岸边的时候，鳗鱼也基本死的差不多了。当然，死鱼也卖不上好价钱。但也有这样一位老渔民，每次回来后他捕的鳗鱼都还活蹦乱跳，因此也卖出了好价格，很快就成了当地的一个富翁。

对于老渔民的幸运，其他的渔民都不理解，船舱和捕鱼的工具都一样，怎么他的鳗鱼就不会死呢？这个渔民临死前才把秘密透露给他的儿子，原来他在装鳗鱼的船舱里放了一些鲶鱼。鳗鱼和鲶鱼天生好斗，鳗鱼为了对抗鲶鱼而拼命反抗，它们的生存本能被充分地调动起来，所以大多能活下来。而其他人的鳗鱼呢？知道等待它们的只有死路一条，所以，也就坐以待毙了。

台下坐着的大部分都是职场老员工，这样的励志故事，对他们来说早就耳熟能详了。看着他们有点不耐烦，我知道，这个故事有可能被来公司进行内训的培训师讲过无数次了，他们的思维惯势在起作用。

已经讲出的话，不能再收回。我深吸了一口气，环视了一下全场，微笑着向会场的同事示意。微笑是最好的武器，有三分之一的同事已开始用正眼注视讲台上的我。

我对这个故事加以重新解读。

世人都喜欢真相，但也告诉大家一句古语："子非鱼，焉知鱼之乐也？"鳗鱼是鱼，鲶鱼是鱼，在座的各位与我一样都不是鱼。这一点大家都同意的吧？有反对意见没有？

这是真相，用老祖宗的语言来解释，即可以理解为，我们既不是鳗鱼也不是鲶鱼，它们是快乐还是忧伤，又岂是我们可以知道的？

人类一直以为它们好斗才生存下来，却不知道，这对它们来说是一次美丽的邂逅，是爱情让它们创造了生命的奇迹。

这个故事说明什么呢？它告诉我们，如何才能调动团队成员的内在动力，如何才能避免"当一天和尚，撞一天钟"，如何才能有效激发我们的斗志，而避免成为"休克鱼"。特别是，作为一个团队管理者，如何才能有效地激发团队的活力呢？

生命中最为重要的"爱"却不被重视，这真是悲哀！

我们在办事处，可以说每个人都是身兼数职，每天要处理各种各样的事情。很多时候我们已经麻木了，即使身边的人散发出爱的时候，我们的习惯都是忽视。我们又不是慈善家，我们的工作有各种绩效来评定，也有各种指标要达成，如果大谈特谈"爱"这个字，简直是耽误功夫。

很想问大家："在我们的心底，是不是也渴望爱呢？同事之间的友情其实可以缓解工作的压力。"

人类好斗，尽管人之初，性本善。

想想我们初来这个世界时，眼神中透露出来的是天真与幼稚。在经历无数次事件后，我们学会了选择，也学会了用自己的方式来理解这个世界。我们自己争强斗狠，觉得其他生物也一样，以己之心看世界。

我们不觉得自己有错。

一天接着一天，我们为了生活压抑着自己。

孩子们快乐成长，我们因疲惫而不自觉忽视。妻子的温柔眼神，我们因疲惫而顾不上看一眼。为了生活，为了工作，为了挣钱，我们忽视的东西太多了。

想一想人生如果只是为了拼命工作，那人生的意义何在？

面对死亡，我们不约而同地想到了生命的美好，甚至即使再多看一眼这个世界都是幸福的事情。

我们现在按部就班，在闲暇时间是否会看一眼窗外的绿色？

因为大家觉得那是再普通不过的事情了，我们以后有大把的时间来看，现在是可以忽视的。我们更为重要的是好好工作，为孩子的学费，为父母的抚养费，为了妻子可以更加专心地照顾家庭。我们身上的包袱实在是太多了。欣赏世界的美丽对我们来说，已经变成是件奢侈的事情。

一次、两次，妻子温柔地看你，三次、四次，孩子用天真的眼神期待与你共舞，你都不理会。你的努力，你的幸福，离你越来越远。

听完我的重新解读后，小小的会议室内，响起了一片掌声。

隐约可以听到下面有人嘀咕，原来是因为爱，那条鱼才努力活着啊……

怡彤老师说

职场人士最希望达到的目标，无非是职业生涯达到辉煌时刻。可是，辉煌的职业生涯背后又是为了什么呢？我们应该怎样理解工作不是职场的全部内容？进入职场，我们都想获得更多，创造更丰富的物质生活，活得更好，使个人价值最大化得以体现。为了这些，人们总是在职场中忘了本质，一心只有工作，而忘了为什么工作，忘了心中的"爱"。

职场中，随处可见"拼命郎"。周末加班，假期加班，整日游走于各类客户之间，巧舌如簧地谈判于各色人群之间。直至深夜，身心疲累之际，才垂泪自问：时间去哪儿了？我这样做到底为什么？

我曾在接受某杂志采访的时候说过这样一个真实的故事，最近遇到北京外派一位女同事来本地做"开荒牛"，平台很大，机会够多。这位女同事属适孕年龄，但来之前还信誓旦旦说：这几年不考虑生育问题，以事业为主！过来人劝说的话，我也就点到即止。可来了还不到 24 小时，却报告上司说：意外怀孕了。男上司唯有恭请其回去安胎。过来人的我，送上祝福之余，也在心底感叹：没什么比生命更值得期待的。

女人成就事业确实需要付出更多机会成本。短视也罢，长忧也好，一切都以尊重生命为前提，千万别用生子的时间去升值。女性一生面对着比男性更多的挑战。因此研究发现，在这两百年的时间中，男人的大脑结构基本没有变化，而女人的大脑结构发生了巨大的变化，以帮助女人赢得更多的幸福吧，女人因为在进化中变得更有智慧。

若问我，职场人士怎样的生活状态才是最理想的？容我绕个弯说话，我会说，惊艳示人，温柔对己。意指：动静结合，对外释放正能量，张弛有度；对内则静身心。若以身体、家庭、孩子去换取事业的辉煌成就，最后一定躲不过"落寞"二字。但是，职场是每个人另一个人生舞台，我们也不要轻言放弃。在职场中修行，我们将会遇见一个未知的自己——那个更优秀的你。所以，且行且珍惜！

如果大家在空闲时分，可以玩一款叫"平衡球"的游戏，要求玩家既要掌握平衡又懂利用平衡，在不断的平衡中穿越障碍，到达终点。或许，一些感悟会在游戏之中感受到。

攻克挫败感的 ABC 法

夜晚吹着风，工作逐渐变得得心应手，我在办事处的人气随着工作能力的提升而提高。但是，就在今夜，我过得并不轻松，我的心很累，因为遇到了职业生涯的一道重要关卡。

"跟我下楼买咖啡好不好？"今天阳光明媚，凯莉拖着我去楼下的茶餐厅买下午茶。我今天手上的工作确实不多，也想趁休息时间出去呼吸点新鲜空气，便跟凯莉两人往电梯间走去。

"你今天不开心？"凯莉看出我有些焦虑。

"是呢，老王那边急着要市场策划案，我都改了好几遍了还是不能过关，他是不是在怀疑我的工作能力呢？"我说。

"怎么可能，你还不知道吧？老王经常在我们面前称赞你。上回我们打边炉你没去，他一直夸你是一个好下属，还说你做事既有效率也有质量。"

我盯着凯莉，说："不会吧，你就哄我开心吧！"

要是在以前，在得到领导夸奖之后我会很高兴，可现在我却高兴不起来，因为老王变得越来越挑剔。我看着老王发过来的修改邮件，愁眉不展。我猜不透老王这个人，对于我平时取得的成绩，老王很少给予正面肯定，不管我觉得成功还是不成功，他都没有明确表示，这让我很挫败。

张爱玲说过，生活是一袭华美的袍子，只是上面爬满了虱子。我现在就有这样的感觉，在外人面前，老王给我添了一件华贵美丽的"外衣"，可是私底下却偷偷往里放不计其数的"虱子"，把我咬得遍体鳞伤。这种疼痛并不是断手断脚的巨痛，而是绞心的小刺痛，让人心情跌入谷底，强大的挫败感扑面而来。

我感觉职场上的挫败感，就像一朵跟在自己头顶上的乌云一样，无论走到哪里，它都绝不会弃你而去。我什么都不想，这两天就只在琢磨这一件事，如何把头顶上的乌云赶跑。

人的一生，总是难免有沉浮。不会永远如旭日东升，也不会永远痛苦潦倒。反复地一浮一沉，对于一个人来说，正是磨炼。因此，浮在上面的，不必骄傲；沉在底下的，更用不着悲观。这就是我，虽然有挫败感，但还是能够以率直、谦虚的态度，乐观进取、向前迈进。

怡彤老师说

多年后，我学习了心理学知识，我现在很有信心也有勇气与大家分享我的挫败感，分享如何消除这种不良的情绪。

职场上的挫败感是由挫折引起的，指的是个体在满足需要的活动中，遇到阻碍和干扰，个体动机不能实现、个人需要不能满足的一种心理感受。简单来说，挫败感的本质其实是人的心理感受中期望和现实的落差。

对失败难以释怀是挫败感的根源，很多人都会被"挫败感"弄得很烦躁，不久便会沉浸一段时间。如果产生了这种情绪，可以静下心来想一想，对自己的期望和目标是不是过高，是不是希望自己在工作中事事都能够尽善尽美。要知道事情的发展很难跟随自己的意愿而动，特别是对于初入职场的新人，专业能力还不是很强，这更增加了难度。

可以这样开导自己："失败在所难免，我总不能每次遇到挫折都闷闷不乐好几天吧。"如此便会很快发现，每次遇到挫败之后都能收获更多的东西，当再遇到同样的问题，也不会在同一个地方跌倒了。工作无非就像一个大迷宫，在对这个大迷宫还没有了如指掌的时候，可以多给自己机会不断尝试，当走到一条路的尽头发现它是死胡同，立刻从头再来。走不通就预示着自己该转头，这没什么大不了。

多年以后的我，站在讲台上对台下接受培训的人们说：战胜"挫败感"的关键，其实就是情绪的控制。心理学上有个著名的 ABC 原理，是由美国心理学家埃利斯提出的。A 代表诱发事件（Activating Events）；B 代表个体对这一事件的认识与评价，即观念（Belief）；C 代表继这一事件后，个体的情绪反应和行为结果（Consequence）。正是由于我们常有的一些不合理的信念才使我们产生情绪困扰。如果这些不合理的信念长久存在，还可能会引起情绪障碍。

通常人们会认为诱发事件 A 直接导致了人的情绪和行为结果 C，发生了什么事就引起了什么情绪体验。然而，你有没有发现同样一件事，对不同的人，会引起不同的情绪体验。同样是报考英语六级，结果两个人都没过。一个人无所谓，而另一个人却伤心欲绝。

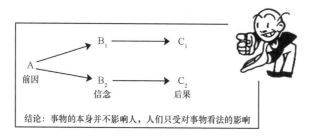

结论：事物的本身并不影响人，人们只受对事物看法的影响

有前因必有后果，但是有同样的前因 A，产生了不一样的后果 C_1 和 C_2。这是因为从前因到结果之间，一定会透过一座桥梁 B（Bridge），这座桥梁就是信念和我们对情境的评价与解释。同一情境之下（A），不同的人的理念以及评价与解释不同（B_1 和 B_2），所以会得到不同结果（C_1 和 C_2）。因此，事情发生的一切根源缘于我们的信念、评价与解释。

常见的不合理信念有以下若干条，请大家对照看一下是否自己存在不合理信念：

- 自己应比别人强，自我价值过高；

- 人应该得到生活中所有对自己重要的人的喜爱和赞许；

- 有价值的人应在各方面都比别人强；

- 任何事物都应按自己的意愿发展，否则会很糟糕；

- 一个人应该担心随时可能发生灾祸；

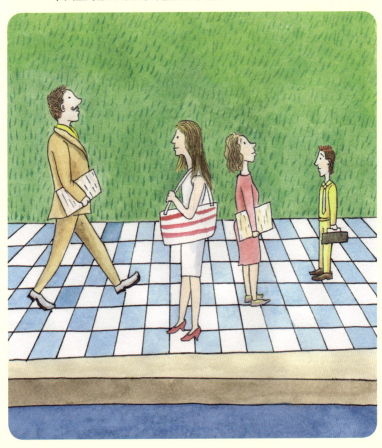

- 情绪由外界控制，自己无能为力；

- 已经定下的事是无法改变的；

- 一个人碰到的种种问题，总应该都有一个正确、完满的答案，如果无法找到它，便是不能容忍的事；

- 对不好的人应该给予严厉的惩罚和制裁；

- 逃避挑战与责任可能要比正视它们容易得多；

- 要有一个比自己强的人做后盾才行。

在通常的观念中，人们认为情绪和行为反应是诱发性事件所引起的，比如我在市场策划里引入的数学模型有错误，就会让自己产生挫败感。但是心理学 ABC 理论则认为：数学模型错误只是引发挫败感的间接原因，在潜意识里存在的一些被我忽略的观念才是造成挫败感的直接原因。

我发现，由于我总是和老王站在对立面，所以我将老王正确的解读就变成了指责。这就是一种潜意识，以误解的方式让自己避免有挫败感，当然要改变这种观念。我尝试着去理解老王，把老王看成跟自己站在同一个战壕的战友，他只是希望我把工作做好。这样再一想，老王总是当着我的面指出我的不足，也不能算是批评。

当自己获得了一点点进步的时候，老王没有表扬我，我就先表扬自己。我发现取悦自己远比获得别人的肯定更容易办到。

初入职场的年轻人，心里燃烧着熊熊烈火，总觉得自己有无尽的力量、智慧要展示。展示得好，总希望得到别人的肯定；失败的时候，又希望没有人会批评他们。一旦成功的时候没有鲜花掌声，失败的时候略有批评指正，都会让他们心生挫败感觉，得自己一无是处，感觉找不到自己的职场价值，因而深陷挫败泥潭不能自拔。

而大多数孩子都渴望得到父母表扬，但是那是孩子心态。职场是弱肉强食的竞技场，挫败感本身就是一种心理不成熟的表现。有些人的这种不成熟会随着时间的流逝而消失，而有些心思细腻的人，时间并不能消解他们的幼稚。

那我们如何摆脱挫败感呢？我给出两条建议：

建议一，学会换位思考，和领导站在同一高度，换一种观念想问题

当领导说："看吧，我能想到，你为什么不能想到？"不要认为领导在责怪你，其实他和你一样，也希望得到肯定。如果你顺势接纳他的指正，还赞扬他说："虽然之前我做了很多准备，可是还是忽略了这一点，还好您能站在全局的高度帮我指出这个不足，我马上下去改正。"很多时候，接纳领导的批评就是这么简单。

建议二，学会自我表扬

当领导对你的进步没有正面表示赞扬的时候，你可以像我那样，自己赞扬自己。取得进步的时候，本来就应该受到赞扬和肯定。当别人不能及时对你的进步给予反馈的时候，自己赞扬自己，有助于自己在职场中建立自信心。

第 4 章

快乐工作，才能幸福生活

周一综合症：微表情的小秘密大问题

转眼间到了 2010 年年底，平时清闲的办事处也难得忙起来，大家都在披星戴月地加班加点。一周下来，大家顶着黝黑的熊猫眼，面部肌肉松松垮垮做不出任何表情，我对着桌上的小镜子用手指戳了戳下垂的眼睑和眉毛，深深地喘了口气，又继续投入到工作中。

琐碎和枯燥的工作让人疲惫，工作的变故带来的郁闷让我觉得香港的冬天总是暗沉沉的。毕竟周五是一周最后的工作日，当下班的钟声响起时，办公室里还是激起一阵喜悦的骚动，大家个个喜上眉梢，双眼炯炯有神，准备享受周末。

周六，我关掉闹钟，一觉睡到自然醒。拉开窗帘，楼下人来人往，车水马龙，眼睛微微张开一道小缝，强烈的光亮立刻迫使我把眼睛紧紧闭了起来。深深吸了一口气之后，我才又缓缓张开眼睛，五官也渐渐地舒展开来，这才觉得真正从昏睡中回到了现实。

虽然过得没滋没味，可毕竟还有美好的周末。简单吃过早餐之后，我开始了习惯性周末大扫除，房间里流淌着 Chopin 钢琴曲，扫帚扫走的仿似不是尘埃，而是我心底的阴霾。抹布拂过的地方清新干净起来，就像心里的伤痛被人呵护过一般。我打着赤脚在地板上踱来踱去，抹抹这里，扫扫那里，时光便在这一举一动中安静地流逝。

周末总是愉快而短暂的，每到星期天下午，我的心就开始惶惶不安：唉，明天又要早起，又要挤地铁，又要面对那些烦人的琐事……越这样想，越觉得生活繁琐。晚上躺在床上睡觉都睡不香了，我一会儿咬咬嘴唇，一会摸摸耳朵，一会儿眉毛上扬，很快五官挤在了一起，我只好翻过身来把自己的脸埋在枕头里，企图用这种"笨"办法让五官归位。

"滴滴答答……"我闷声闷气地关掉闹钟，星期一早上跑不掉的赖床五部曲即将上演……

今天的空气总是漂浮着"困"、"疲倦"等因子，同事们"眉头紧皱、嘴角下耷、双眼无神"地迎来第一个晨会。我觉得自己的上眼皮和下眼皮都快粘在一起了，我此刻只希望身边有张床。

自己这是怎么了？我下巴往里缩了缩，嘴角下垂自责起来。我环顾了一下四周，其他同事也没有好到哪里去。同事们都是一副懒懒散散的样子，有人歪在桌位上打盹，有人哗啦啦地把文件乱翻一气，有些人目光呆呆地盯着电脑。这就是别人常说的周一综合症吧，我心里想。

老王随手拿了一份文件挡在自己的鼻子下面，企图遮住自己的嘴。可我还是看到了他头微微后仰，嘴张得大大的，打了个哈欠。老王对我说："你看你写的这是什么？你到底搞没搞懂我们的主题是什么？"老王边说边揉了揉生痛的太阳穴，我看得出，老王自己心里都是乱糟糟一团麻！

我烦躁地打开文档，重新修改宣传案。我耷拉着眼皮，斜盯着电脑屏幕，鼻孔随着呼吸一张一合，上下嘴唇死死挤在一起，眉头像是被胶水黏住一样扯都扯不开。

"您有新的邮件。"上午十一点，我电脑的右下角弹出一个对话框。我用尽了身上所有的力气点开邮件，开头是一长串的抄送名单，除了香港办事处的所有同事，还有部分相关领导的名字。我对这些名字并不熟悉。什么情况？牵动这么多人？我带着疑惑往下看。

快速浏览之后，我抬起头，办公室里开始出现骚乱的情绪，多台电脑主机嗡嗡转动的声音此时格外清晰。大家在同一时间扭头转向王威，王威被惊吓而睁大的眼睛还没有回复到原位，他摸了摸胡渣，眼睛快速地眨动。我猜得出他也心乱如麻，看来王威也是刚刚知道这些消息。

邮件的大概意思是：总公司收到香港办事处今年的汇总报表后，对香港地区市场重新进行了整体规划，总公司准备取消香港办事处，在香港成立新的分公司。可是通知邮件下面并没有写明香港办事处原工作人员的去向，只留下一句："原港办事处所有人员的工作安排等待通知。"

"老王，等待二字是什么意思嘛？"终于有人沉不住气率先打破了宁静。"我怎么知道！"王威闭着眼睛深深吸口气，又是习惯性的揉揉太阳穴，额头中间的皱纹更深了。我看了看旁边的人，大家或是躲闪我的目光，或是假装忙碌，没有人给予我实质性的回应。

还有两个小时……我眉头紧锁，打了个哈欠。还有一个小时……我已经烦躁的开始收拾桌面……我最近发现，自己每天无限期盼着下班，无限期盼着周末。时间每过一秒，我都想欢呼一下，因为离下班和周末又近了一秒。可是时间似乎并不领会我的心情，走得如此之慢。

一秒又一秒溜走的除了时间，还有我的快乐。我不自觉地把手握成拳头抵住鼻子，把自己的嘴巴挡了起来。此刻的我非常无助。开始的时候我只是觉得生活突然因为工作的不顺变得有些糟糕，渐渐地竟然觉得人生方向都模糊了。我的脑海里经常冒出一个想法：不如换份工作？这样的负面情绪也使得我在工作中显得那么吃力，一些最基本的工作，我都能出错，都是负能量在作怪。

"你最近怎么了？心不在焉的，还一直看表，是有什么心事吗？"老王看着坐在对面的我，眉头紧蹙着问。

我说："老王，你有没有觉得最近地球转得特别慢？"

王威哈哈大笑，敲了一下我的脑袋，说："傻丫头，想什么呢？"王威翻了翻自己盘子里的炒河粉又说："我知道，你最近在为工作变动的事烦躁，可是有个道理你要明白，你并不能左右地球转动的快慢，我们也不能左右总公司的决定。"老王的话如一记闷锤敲醒了我。

我反复咀嚼这几句话。下班的时候，我站在地铁口，来来往往的人在我面前变得面无表情、目光呆滞，眼睛里找不到一丝的希望，每个人都把头埋得低低的，仿佛他们的表情不可示人一般。这些人从我身边一闪而过，消失在远处。我从他们的身上感受到几乎相同的气场——不快乐。我这才意识到或许自己的不快乐并不是件偶然的事，我和鱼贯而出的人们一样，这份不快乐更多来自于工作。每周七天，我有五天在盼望和期待周末，因为工作让我很沮丧，每天 24 小时，我有 8 个小时在盼望和期待下班，也是因为工作让我很烦恼。这样算起来，我的人生岂不是有 1/3 的时间是不快乐的。

我想起前几天看的一部人物传记，写的是美国石油大王洛克菲勒，书里洛克菲勒对自己的儿子说："如果你视工作为一种乐趣，人生就是天堂；如果你视工作为一种义务，人生就是地狱。" 世上本来就没有救世主，全靠自己救自己。我从混沌世界中清醒过来，我要做自己的救世主。

2010 年最后的日子我虽然过得很纠结，但都让自己变得快乐起来。每天到办公室的第一件事总是向同事们问好："你好""大家早上好"，工作的快乐不但让我觉得生活有了希望和朝气，也对未来有了更加明确的方向。

偶尔从小镜子里窥到自己的表情，也不再是紧锁的眉头。每每想到书中的话，我都嘴角微微上扬，脸上的酒窝若隐若现，好像小时候攻克了难题之后的小得意一样。即使累了，我也不过是闭着眼睛深呼吸一下，再次睁开眼睛时，又神采奕奕。我开始投入到自己的工作中，充分的投入让我在工作上也更加轻松。办公室里的负面情绪也很少再影响到我。

怡彤老师说

　　周一综合症是不是"理所当然"的事情？我是这样认为的，形成周一综合症的原因多种多样，有的是因为心理问题所致，有的则是因为掉入"休息日不休息"的陷阱。我虽然没有在周末的时候外出恣意狂欢，但由于受到公司变动的不确定性因素的影响出现了心理问题，使我对工作产生厌恶、恐惧、疲倦感，从而陷入周一综合症。

　　周一综合症是一个严重的社会问题，放松的周末使好不容易建立起来的"动力定型"遭到破坏，工作中出现疲倦、头晕、胸闷、腹胀、食欲不振、周身酸痛等问题。这种状况会通过微表情表现出来，经常显示为眉头紧蹙、眼角下耷等表象。情绪反应会影响行动反应，而行动反应又会导致行动结果，周一和周五的不同表现和变化会导致不一样的结果，职场白领的不一样结果导致办公室气氛陷入了恶性循环。

　　周一综合症已不是一个新鲜话题。曾经看过一幅漫画，内容是一个准备上班的男青年，走进浴室，里面摆了一排排从周一到周五的不同表情的面具。周一的面具表情非常痛苦：眉头紧皱、嘴角下耷、双眼无神。到了周五，面具的表情就已经变成：喜上眉梢、嘴角上扬、双眼炯炯。虽是漫画，却是很多人在职场中的情绪变化的形象比喻。

　　我的周末过得很轻松，并没有通宵达旦、娱乐狂欢，但周一上班时间依然让我感到困扰，还是陷入了"周一综合症"的陷阱。后来我注意到了自己的问题，并通过自己的调整使自己从陷阱中走出了。面对"周一综合症"，我们还是有很多的解决办法。

　　第一，换个角度思考，把未知的、不确定环境当作一种机遇。感受"时势造英雄"的意境，淡定面对一切不确定因素和突发事件。

　　第二，周日下午尽量安排一些不需要消耗体力的活动，并且远离高脂食物。这样可以让你周日晚上的睡眠有所保证，睡前还可以播放一些舒缓精神的音乐。

　　第三，周一的早上比平时早一点到公司，把未来一周的工作安排好，并把一些简单、愉快的工作安排在周一上午，别给周一的自己那么多压力。

　　第四，在周一的中午或者晚餐安排自己期待已久的餐厅或者是约会，并在电脑面前写下：完成工作之后就能参加约会，完成工作之后就能大吃一餐等小贴士，激励自己。

一线之隔

走进候机大厅，我拿着登机牌，推着自己简单的行李车，神情有些低落。不久前，同事们陆续收到总公司通知，有些人留下来筹划分公司，有些人被调回总部，还有些人被裁掉了。前天我才收到邮件，通知我先回总公司参加培训，但是具体调配到哪里，邮件里只字未提。

我很纠结，不是因为要回总部还是留在分公司，而是对不可预知未来的不安。我心里一直在打鼓：为什么单单只有自己被召回总公司培训？是自己之前的工作不到位吗？还是公司变动风波的影响远远比自己预期的要大得多？或者其实这是一次机遇也未可知？

商务舱里，坐在我旁边的是刚刚上任的香港分公司副总——贾斯汀。贾斯汀是典型的职场"空降兵"，考虑到他第一次到广州总公司，公司安排我陪同他一起飞往广州。

空姐端上两杯迎宾饮料，是微温的卡布奇诺。我搅拌着杯子里的咖啡，想起了临行前老王说的话："你和贾斯汀坐在一起，哪些话该说，哪些话不该说，你自己可要多掂量掂量啊。但也不要因为怕说错话就一句话不说，你的一举一动都有可能让你的工作内容瞬间发生天壤之别的变化哦！"

我当然知道这个道理，可是现在的我还仿佛置身在麻线的海洋中，一时半会儿还找不到头绪。我感觉安全带把自己绑得好紧，但却又有些坐不住，勺子碰杯发出的细微响声都能让我汗毛竖起来，时刻备战。我跟很多职场新人一样，在小领导面前侃侃而谈，能力得到很好地展示和释放，但是面对大 Boss 的时候，就手足无措，紧张无助。这些就是不自信的表现。

"施小姐有心事？"贾斯汀把我的不自在和别扭全看在眼里，他表情中带着热情。

"没有没有……"我慌忙解释。

贾斯汀嘴角扬了扬，问道："那是因为我太严肃吗？"说完，贾斯汀假装严肃地紧了紧领带。此时飞机已经稳稳地飞在浩瀚的天空了。

我没忍住，被贾斯汀的动作逗得笑了出来。"当然不是，我……大约是非常迷茫吧，对未来有些恐惧。"

贾斯汀听完之后了然地点点头："哦，原来是这样。施小姐哪里迷茫，说出来我帮你分析分析？"

我抿了一口咖啡，紧张了起来。到底能不能说啊？哪些该说啊？怎么说才合适啊？我都能想象出自己小脑袋瓜里的每个脑细胞上蹿下跳出谋划策的场景。谈话短暂停顿了一两秒，我就已经想好了要怎么应答："其实也没什么，我本来是外派到香港工作的，可现在这次的公司人员变动中，给我下达的却只是回总公司参与培训的通知。我进入公司的时间并不长，猜不到公司的意图，所以最近很不安。"

"哦，原来是这样。"贾斯汀从空姐手中接过一杯咖啡，杯子里袅袅地升起一阵雾气。"年轻人在职场难免遇到很多转折点，在这些转折点上有彷徨和不安也是正常的。"

"有的时候我在想，终日面对电脑是一件非常枯燥的事情，如果能换一种工作状态那就好了。"我看着窗外翻腾起伏的云朵说道。

贾斯汀说："嗯，可以想象，我做人力资源工作以前，是做技术工作，体会过那种终日与机器打交道的日子。"

我露出羡慕的眼光，自己何时能从技术岗位转到管理岗位呢？我虽然经历了这么久的职场，可毕竟还算是"初出茅庐"，小女人的情绪总是会挂在脸上。这些表情落在贾斯汀这样的职场高手眼里，无疑会进行深刻的表情剖析。

"施小姐也喜欢人力资源的工作？"贾斯汀说。

我说："与其说喜欢人力资源的工作，不如说我更喜欢跟人打交道。"

贾斯汀点点头说："那施小姐认为人力资源的工作就是和人打交道咯？"

我听到这里顿了一下，话锋立刻转了个弯："当然不是完全对等。但是人力资源的工作内容里面，和人打交道是非常重要的一部分。"

贾斯汀露出赞许的眼光，又问："那你觉得人力资源管理中什么最重要呢？"

我很早以前看过一本关于人力资源管理的书，在我的认知里面，我认为人是最重要的，所以想也没想，脱口而出："人！"我完全不知道，正是我接下来的这句话让我"咸鱼大翻身"。"我觉得无论何种管理，最终都是人最重要。管理者和被管理者之间的纽带不应该是管理，而应该是人性化，人力资源更是如此。人力资源管理的目的应该是使管理者或者机构以及被管理者之间都能达到理想且合理化的共赢，这才是最完美的境界。"我说完又觉得哪里不妥，赶紧接着说，"呵呵，这不过是我一个行外人的个人看法，说出来解解闷。"

职场中，很多人都困惑于职场上是否真诚，他们对真诚有一种发自内心的恐惧。于是便是有一些人选择对上司刻意逢迎而隐瞒问题，对下狐假虎威忽悠画饼，对同事则虚与委蛇耸人听闻。此刻的我带着一定的勇敢和稚嫩，在未来老总面前表现出了足够的真诚。我的真诚将带来怎么样的结果呢？

贾斯汀仔细地打量着身边这个"小丫头"：职业的妆扮似乎想掩饰还不太成熟的内心，率真、真诚，难得的是对事物有独特的视角和看法。磨炼几年，说不定会大有作为。一个主意在贾斯汀的心里升起。

贾斯汀问我："施小姐对自己的未来做过什么设想吗？你对现在的工作满意吗？"

我有些不知道怎么回答了，只好含糊地说道："我对现在的工作挺满意，我也对未来有过设想和假设。可是慢慢地，我发现现实和我的预期偏差越来越大，当遇到越不过去的困难时，就只好把自己的目标和理想做出修正，以便自己能够达到。这个过程说起来很轻松，可是回想却很难过，特别是遇到自己越不过的困难时，那种挫败感，会让人迷失。"

贾斯汀心领神会地笑了，每个刚刚投入社会的人都会这样，怀抱着自己的满腔热情，以及遥不可及的设想，"噗通"一声跳进社会，努力尝试去达到自己的目标，结果总是狠狠地跌下来，这个过程也总是辛酸和残忍的。

贾斯汀说："我完全理解施小姐你现在这种迷茫的心情，我年轻的时候也经历过很多低落，直至现在，我也不是一帆风顺。可是我是一个心理弹性比较好的人，我容易把自己从负面事件中拉出来，遇到困难时我更多是选择想办法渡过困境，而不是沉溺其中。我和别人不同的是，我遇到越不过去的困难也不会绕道而行，我会尽自己所能去解决困难。即使最后是以失败告终，也能保证我离解决困难的核心更近一步。"

我眼神中充满疑惑，问道："心理弹性？什么是心理弹性？"我第一次听到这个词。

贾斯汀说："就好像弹簧的弹性一样，心理也仿佛是一个弹簧。弹簧因为材质或者形状的不同使得其弹性有很大的差别。人也因为个人情况、心理素质等不同，有不同的心理弹性。心理弹性强的人，对外部环境刺激的适应性更强，自我调控能力也更好。从心理学上讲，心理弹性会随着个人的成长而不断加强。这也就是为什么很多年轻人比起年龄大的人，在适应社会的时候显得更加的浮躁和焦虑。"

我一下子明白了，但仍有不懂的地方，"可是我还算一个职场新人，我没有高超的专业技能，没有丰富的职业经验，心理弹性又不好，如果遇到问题，我靠什么解决问题呢？"

贾斯汀仿佛能预知到我要问的问题，已经做好了回答的准备："人们总是喜欢等到结果之后，再去想应对结果的办法。当结果是非理想的时候，这个结果就变成了一个'问题'。可是为什么不在问题发生之前就解决掉呢？职场新人既然没有职业经验，心理弹性也不好，那就尽量多让结果不要变成问题。当然，职场新人相比有经验的人会更容易出错。而且我们常说的经验是从错误中领悟出来的，但是这并不代表职场新人就可以犯错！乍听起来觉得很矛盾，可是你仔细想想，就会明白我的意思。"

贾斯汀接着说："年轻人很容易迷茫，对于自己未来的职场形态很难定义，这个时候我建议职场新人不妨多了解一些常识，在常识中找到最适合自己的。但是不管是希望在现有岗位上继续打拼，积累经验；或者希望转变岗位，做新的尝试；更有甚者，希望转变职业，另辟蹊径。无论做哪种选择，职场新人在实行职业转型前，都应提高自己的心理弹性，在此基础上才能主导积极变动，实现华丽转身。"

　　我仔细地回味了一下，对贾斯汀说："嗯，我大概明白这个意思了，就好像我们平常总认为没有机会，可是如果机会来了，很多人往往会错失机会。而只有那些准备好的人才不会失去机会。所以做更多的尝试并非坏事，要注意的是不能没有准备。"我灵活的思维给贾斯汀留下了很好的印象。

　　我陷入了沉思，我的心已经不如之前那么不安和沉闷。我在想：我起码还年轻，或许我可以在多种地方多做尝试。如果我接下来的工作不能更好地挖掘我的优势，也不利于成长，那么我或许可以尝试换一份工作。我首先要确定的就是我工作的目标——获得成长。我要把握住我心中的梦想，不可以轻易把它忽视掉或是丢失掉。主动出击才是王道，如果我一直只是在自己的世界里自怨自艾，只会更加迷茫，像贾斯汀说的那样，我应该想办法在问题发生之前解决问题，而不是等待问题的发生，然后沉溺于困难之中。

　　飞机轮子接触地面的那一刻，我的心也稳稳地降落。我已经不像登机前那么不安和无奈了，反而是有一种迎接挑战的跃跃欲试。

　　"施小姐聪明伶俐，生活也会因为你的乐观而格外恩赐予你。谢谢你陪我度过一个愉快的旅程，希望你在广州培训期间过得愉快。如果遇到什么难题，可以来找我，我愿意为新人以微薄给予帮助。"

　　贾斯汀的话语意味深长，我并不知道贾斯汀已经决定要调我到人力资源部，我只是感到乐观的力量在身体里蔓延开来。我给了贾斯汀一个大大的笑脸之后，头也不回地消失在机场的人海中。

　　等待我的将是另外一片绚丽的天空……

怡彤老师说

在我做调整的这个故事中，我反复提到了一个词——心理弹性。什么是心理弹性呢？即生活在社会的人，心理活动会有像弹簧一样的变化，这就是心理弹性。职场中的年轻人，因社会经验不足，在陷入困境之后，对周围环境变化引起的心理反应调整不及时，就容易跌入自卑、失败的阴霾中。

心理弹性在一定程度上受遗传因素影响，同时也受人在社会生活中各种经历的影响。所以，我们也可以将心理弹性看成是人对于不断变化的环境的一种反应，这种反应不是一成不变的，会随着环境变化而变化。正是在这种自我调整当中，人得以适应环境。

我很喜欢下面这段话，与大家分享——

"你只闻到我的香水，却没看到我的汗水；你有你的规则，我有我的选择；你否定我的现在，我决定我的未来；你嘲笑我一无所有，不配去爱，我可怜你总是等待；你可以轻视我们的年轻，我们会证明这是谁的时代；梦想注定是孤独的旅行，路上少不了质疑和嘲笑；但那又怎样，就算遍体鳞伤，也要活得漂亮！我是 80 后，我为自己代言。"

对职场新人来说，以上的广告词应该不会陌生。除了可以从广告当中感受到梦想带来的正能量之外，还可以收获关于职场转型的一些经验。

职场转型的多发期出现在年末至春节后。职场新人在这个时候一般有了各自的打算，或者希望在现有岗位上继续打拼，积累经验；或者希望转变岗位，做新的尝试；更有甚者，还有人希望转变职业，另辟蹊径。无论做出哪种选择，职场新人在实行职业转型前都应该提高自己的心理弹性，在此基础上才能主导变动，实现华丽转身。

心理弹性好的人可以比较快得从负面事件中恢复过来；而心理弹性不够好的人，可能会很长时间把自己沉溺在负面的情绪，没有办法渡过困境。既然心理弹性对职场新人来说如此重要，那么有什么方法可以提高心理弹性呢？我为大家提供几个方法：

方法一，多做新尝试

在日常生活中可以多尝试新事物，如到不太热门的地方旅游。陌生的环境虽存在危险性但同时也是危险性较低的环境。在这种环境下，人可以学习如何成功地应对一些困难。这些技巧在遭遇严重困境时会变得十分重要。

方法二，经历小成功

在日常生活中经历一些小成功，将有助于职场新人提高自尊以及自信，这两者对于提高心理弹性均会起到积极作用。

方法三，理性乐观

对未来抱有希望，保持基于现实而非盲目的乐观，有助于职场新人在面对困境的时候不沉溺其中，而是寻找渡过困境的方法。无形之中，心理弹性也能得到增强。

方法四，主动寻求帮助

"宅"容易使你的思想钻进死胡同，遭遇困境时懂得主动开口，寻求所有可能的帮助，才称得上"大智慧"。

职场新人因缺乏足够的职业经验及专业能力，因此可能面对众多质疑。如果在质疑声中失去信心，止步不前，将会错失迎接挑战和自我发展的机会。相反，如果拥有高心理弹性，在面对质疑这类负面事件时进行积极的自我调适，从中识别出自己的优缺点，发掘出自己的优势，并借职业转型的机会将自己的优势与职业需求进行契合，便能够转危为机，找到一条职场大路。

快乐工作

"你放一放你手头上的工作，跟我去参加一个会议，你负责做会议记录。"经理彭佳敲了敲我的桌子，一个转身闪出了行政部。我抬起头，瞄了一眼窗外灰蒙蒙的天，在一堆文件中抽出会议记录本，快步跟上彭佳，向会议室走去。

彭佳是我现在的上司。我回广州总部参加培训后，让我没想到的是接连两个星期的培训竟然都是关于公司内部管理和人力资源管理的事宜。后来，我便接到回香港分公司的通知，新职位从原来的宣传策划转为了行政助理。就在我正在诧异这个结果的时候，贾斯汀的电话打来了。

"施小姐，你好！我是香港分公司分管市场和人力资源的副总贾斯汀。"贾斯汀在电话那头说。

"贾斯汀，你好！"我大概已经猜到，自己调到行政部应该是出于贾斯汀的授意。

贾斯汀说："你应该已经收到通知了吧？恭喜你有机会在职场上做新的尝试，等一下我助理会给你送去一份礼物，希望你不要辜负我以及公司对你的期望。祝愿你在以后的工作中顺利。"贾斯汀简单地说了几句之后，我们互道再见便挂了电话。

不久，贾斯汀的助理晓菲给我送来一个精致礼盒，打开礼盒，里面装着一本格里格的《心理学与生活》，封皮内还留有一张纸条："你要了解人，就必须学习人的科学——心理学。"

这一切都来得太突然，我心里欢呼着，上天太眷顾自己了，不仅把自己从地狱里抽离出来，还给我带来如此重要的礼物。我在心中暗暗发誓，一定要好好努力，干出一番成就，殊不知自己这才是慢慢走进暴风雨的中心。

漫长的会议结束之后，彭佳让我把会议记录整理出来，发到她邮箱里，同时抄送给部门的其他同事。我写好了之后，对于一些细节以及格式上的问题不是很清楚，就想问问坐在对面的同事艾莉。艾莉却按住了我的手，微蹙眉头说："你大学毕业快两年了吧。你也是大人了，所以你应该有自己的担当，而不是什么都希望别人帮你做好。"艾莉是香港中文大学毕业的，精通三国语言，外表姣好，有着港女最典型的特征：好强、自负。我虽然和艾莉面对面坐了快一个月了，可是感觉从她身上散发出的陌生感比楼下保安还重十万倍。

"不是，我的意思是……"我还没有说完，艾莉就打断了我。

"不管你什么意思，你也看见了，彭佳给我那么多报告，现在这些报告都等着我去写，我当然可以帮你改会议记录的格式，但是你能帮我写报告吗？Sorry，恐怕你还做不来这些。"说完艾莉便滑回了自己的办公桌前。

我呆在座位上，这是我第一次遇到说话这样直接的同事，毫不留情面，对待同事竟然能做到像对待敌人一样。我在心中产生了一种对工作前所未有的厌倦，为什么艾莉会对自己那么厌烦？人和人之间为什么这么难相处？难道是自己的原因吗？我的工作是不是太没有意义了？脑子里乱哄哄的，像塞满了车的十字路口，我感觉自己的大脑都瘫痪了。

也许我的大脑真的"死机"了，我抱着泄愤的态度做了一件错事。一分钟之后，我把会议记录发给了彭佳，邮件发出去的下一秒，我桌上的电话就响起来了。

"你到我办公室一下，顺便叫上艾莉。"彭佳情绪不稳定。

"艾莉，彭佳叫你和我到她办公室一趟。"我以为会从艾莉眼中看到害怕或是别的什么情绪，可是艾莉眼里除了冷漠没有其他任何东西。我跟着艾莉来到彭佳的办公室。

"你的会议记录内容没什么大问题，可是你这个邮件的格式怎么回事？我不是让你有不懂的就问艾莉吗？"彭佳把自己的电脑转过来对着我和艾莉。

"我……"我还没有开口，就被艾莉打断了。

"彭佳，我简单地跟她说内网上有固定格式可以去下载。你知道的，我还有好几个报告要写，所以就没有认真帮她改，Sorry。"艾莉说这些话的时候，脸上带着和善的笑，一点也没有骗人的惭愧。我大为惊讶，这女人到底是怎样一个人啊！

"好吧，那你先出去。"彭佳对艾莉说。

"经理，我……"我再一次想开口，彭佳抬手示意住口。

"你也回去吧，我帮你改好，然后发到你的邮箱里，你再抄送给同事们。但是我希望你能明白，你这样在不确定自己做得是否正确的情况下就发给我，是在浪费你我还有所有同事的时间。如果你努力了、尽力了，但是出了错，我能够理解，可是在这件事上，我看到了你对待工作的态度。这次我只是作为一个过来人对你提醒，希望你能明白我的苦心。"彭佳超过了一般上级对下级的宽容。

我有些难过。自己的无能给别人造成了困扰，加上艾莉的刻薄，我挫败的心情雪上加霜。我开始出现倦怠的情绪，是自己错了吗？错在哪里呢？能力不够也不是我自己能左右的事，我也不能一天吃个大胖子吧！为什么没有人理解一下我？心里像堵了一块大石头，我闷闷不乐地盯着电脑的右下角，盼望着下班。

下班了，可我并没有因此而快乐。因为心情郁闷，也没什么胃口。算了，去市场买条鱼煲汤吧。我实在没什么精力去找点别的娱乐节目了。

"小姐，你要什么鱼？今天的鲩鱼最新鲜，不然来一条？蒸、煮都不错哦！"鱼贩不知道哪里来的精神，连吆喝声都洋溢着快乐。

"好吧，那就来一条鲩鱼吧！麻烦帮我处理一下，我炖汤。"我说。

"好咧，"鱼贩熟练地捞鱼、称重。完了之后把鱼向后面案板前的人抛去，另一鱼贩一举手，接个正着。旁边的顾客对鱼贩和同事间这默契的"小杂技"惊叹不已，赶紧也买了一条，然后兴致勃勃地看他们又一次抛鱼。

我好奇地问鱼贩："老板，你们这样抛鱼不会更费力吗？"

鱼贩解释道，有一天，顾客非常多，于是他把鱼抛给柜台后面的一个同事，一开始他这样做，是因为这么做效率比较高。后来，他们发现顾客还会兴致勃勃地看着他们抛鱼，本来既辛苦又沉闷的工作也变得有趣多了。

我细想之后发现，鱼市场的工作人员在努力工作当中融入了"玩"的方式。而"玩"就是他们不会情感耗竭的秘诀所在。

"玩"不仅仅是一种享乐行为，更重要的，它是"愉悦"这种积极情感的表达。在工作中，"玩"能让你乐在其中，投入而享受，忘却疲累。同时还可以激发你的创造力，提高你解决问题的能力。在工作中"玩"得尽兴，更能使你放松身心，有益于健康。

在公司里，我当然无法像鱼市员工那样和艾莉"抛鱼玩"，大家追求专业、追求极致，将日常工作做到最好。我想，我可以努力工作，认真完成公司的任务，但在这个过程中，我可以不让自己太过严肃。

第二天，我把昨天睡觉前计划的"抛鱼"行动写在了便利帖上，我把所有需要和艾莉衔接的工作都当作是重磅炸弹的装置和投放过程，装置过程就是我自己需要完成的部分，等装置好了，交接给艾莉的时候，就是炸弹投放过程，这样就可以尽情地"轰炸"艾莉了。我还在和艾莉之间的隔板上贴了一张超人的贴纸，这些小动作都让我工作得非常开心。每次和艾莉交接工作时，我都忍不住嘴角上扬，因为我脑海里浮现的都是艾莉被重磅炸弹炸得灰头土脸的场景，而艾莉则被我没有来由的喜悦气得莫名其妙。

我明白"玩"在工作中的重要作用，因为"玩"背后表达的积极情感，是一种积极情绪体验，这种体验是一种"类状态"。"类状态"是指人暂时的一种行为表现，是可以通过后天训练来提高的。

晓得善用人生，因为生命是悠长的！工作是生活的一部分，怎么样在工作中善待自己呢？我把"玩"的心态引入工作中，善于用"玩"的方式来工作，枯燥的工作被我注入了新的活力。

怡彤老师说

"态度"来源于人们基本的欲望、需求与信念，它是一种价值观和道德观的体现，是一个被我们经常提起却又不认真实行的词。人们常说，事情的结果不重要，重要的是你在事件中的态度，好的心态往往能导致好的结果。

一周五天的工作，如果不快乐，那么你的人生将有三分之一的时间是快乐的。高尔基有言：如果工作快乐，你生活在天堂；如果工作不快乐，你生活在地狱。让我们看看一个单词：Job 工作。如果拆开看，J=Joy；　o=office；　b=best。那么意思就是：只有快乐工作，才能做得最好！

快乐是人的需求得到了满足，是生理、心理上表现出的一种反应。快乐也是一种感受良好时的情绪反应，常见的成因有感到健康、安全、爱情等。快乐工作就是将这种反应带到工作中，在工作中大多数时间内能够处在这种反应中。

能否快乐工作，我认为取决于三个方面：兴趣度、投入度和玩。我曾经在一家企业做过快乐工作的调查，发现60%的人有不快乐和想换工作的情况；40%的人总体上能感觉快乐。

不快乐的工作会在职场中产生连锁反应，最直接的恶性循环如下：

不快乐工作—情绪反应—行动反应—行动结果—更加不快乐。最终会导致工作绩效下降、满意度和忠诚度降低。

那么如何做到在工作中变得快乐呢？

对于深挖兴趣孔子有言：知之者不如好之者，好之者不如乐之者。兴趣是最好的老师，是工作最好的引导者，是快乐工作的源泉。职场上，兴趣不是一挥而就的好感，而是经过多次检验，综合能力和优势考虑后——一个你想做的事、你要做的事以及你能做的事最佳的结合甜蜜点。

只有这样，兴趣才能稳定下来，而不是飘忽不定。心理学的研究表明：兴趣与成绩之间的关联度是双向正相关的：兴趣高，成绩佳；成绩佳，兴趣更浓。

职场中，兴趣只是一个自我的敲门砖，门打开了，还要不断探索，不然兴趣很容易戛然而止。

保持投入：很多人都感受过投入的魅力。投入在工作中，投入在艺术创作中，投入在玩耍中……到底什么情景，能令我们投入呢？

积极心理学一直研究投入给人带来的积极心理感受，其中涉及一个词：Flow 心流。心流感的研究指出，当人全神贯注一项活动的时候，会失去时间感、自我感，如果活动有一定的难度挑战，而且反馈及时，那么会增加掌控感。这种酣畅淋漓的感受，就是心流出现。心流一旦出现，投入度就会随之增加。

这样解释，恐怕很多职场人都会明白，为何在某些项目的冲刺阶段，自己好像打了鸡血一样，废寝忘食、通宵达旦。反倒是工作完成的那一刻，感到莫名的失落。

MBA 有一个经典的案例：美国西雅图的快乐鱼市场。该鱼市场之所以能成为经典案例，就是因为他们提出了玩出工作乐趣的新型管理思路。"如果你把自己玩时的心情注入某项与工作有关的活动，情况会怎么样？"玩在这里的含义，主要是指把我们手头进行的工作注入活力，同时激发出创造力和解决问题的能力。诚然，不快乐的工作感受，往往跟局限、问题、症结等充满无力感的词有关。很多职场精英都是懂得"玩"的人，因为工作和娱乐中有很多接近的共性。玩在工作中是一个建设性的参与手段，能让人的活力和潜能得以发挥，使沉闷的工作犹如阳光洒落，充满温暖和喜悦。

与工作谈恋爱

香港分公司已经成立半年了，我凭着自己的智慧和对工作的积极态度，获得了一定的认同，彭佳已经开始给我布置一些实质性的工作。受到贾斯汀的启发，我开始关注心理学方面的内容，并顺利获得去美国某高校进修的机会，我每两个月去美国学习心理学硕士。

"你好，陈总，你那边准备妥当了吗？……行，我下午过来看看。"刚到公司我就开始忙碌起来，"经理，我下午到九龙塘的酒店去确认一下餐点那些细节，我吃完午饭就不回来了，直接过去哦。……嗯，好的……好的……"我向彭佳简单报备了一下，收拾了办公桌，拿着包包就出门了。

香港的冬天很短，四月份已经可以穿短袖衬衣了。我拿着在便利店买的三明治，边走边看手里的材料。刚过正午的阳光直直地透过树叶，细细碎碎地点缀在我身上。或许和性格有关，对于阳光，我不像其他女孩子那样讨厌它，更多的是喜欢，要是此时能踩在沙滩上更好。

"你们办公室就你一个人呀？"隔壁销售部的小夏在我的桌上放下一张请帖，而此刻我正在为一份新的合同而绞尽脑汁。

"哇，你要结婚啦？"我有些羡慕地翻看着华丽的请柬，请柬上醒目的酒店名称我早有耳闻，只是一直舍不得去享受那奢华。

小夏脸上洋溢着喜悦："是啊，你看，这是我老公送我的钻戒。"亮闪闪的戒指在我的面前晃来晃去。

小夏炫耀的目的达到了，而我却陷入了忧虑。我想起昨天妈妈打电话来质问自己为什么最近不常往家里打电话。其实我何尝不想给家人打打电话，想跟妈妈谈谈工作、撒撒娇。可是我却害怕给家里打电话，每次打电话都是原封不动的老三样：升职、房子和男朋友，最关心的当然是终身大事了。我一直不认为升职或者是房子、男朋友是人生唯一追求。

在我的眼里，自己还不属于"剩女"，我离这个特殊的群体还很远，无论在职场中还是生活中，我更愿意做"胜女"。学习心理学是我目前的最爱，我喜欢自信、自我、自由生活在繁华的大都市中，展示自己的魅力。

我知道，父母希望我能够按照他们的计划表执行人生规划，可是我更希望实现自己的理想，实现自己的人生价值。父母不会理解自己的想法，"天经地义"的想法应该是：想尽办法嫁好。

从工作中获得幸福是我来到这个大都市的主要目的，我不会因为贪图"免费搬运工"，而去找男人逛街！我要在工作中实现自我理想，但父母有的时候却对此嗤之以鼻，这是令我感觉到压力和焦虑的地方。

我摸了摸自己僵硬的后颈，抬头才发现办公室里早已是人去楼空。肚子咕咕地叫了好久，我只好起身去接点热水来喝。老天仿佛故意嘲笑我一般，连饮水机的水都没了。这突然提醒了我，明天会议要用的材料和饮料都还没有准备好。

"剩女"就应该顾盼自怜吗？我的答案是"NO"。面对生活中的各种烦恼，我的处理方式就是工作再工作，把自己调整且置身在忙碌、紧张的工作当中。拥有自己的高标准、严要求，不求最好但求精益求精，在工作中尽显自己的能力、潜力、天资，我在一次又一次成功中获取自己的"高峰体验"。

明天是两个部门的联合会议，我要准备很多材料，足足复印了一盒A4纸。我把材料一份一份地装订好，然后又到储物间把饮料搬出来。整箱整箱的饮料实在是太重了，我看办公室里也没人，索性脱了高跟鞋，赤脚搬着大箱子方便多了。我脱了鞋子搬东西的样子可真"女汉子"，不过心细的优点又掩盖不住我女性的魅力。

面对自我认同与社会期待之间的矛盾，我牢牢把握其中的平衡点——主动选择权。我有时候在想，是不是应该按照别人所期望的路走下去。可是我担心有一天会后悔，我宁愿按照自己的心自由生活，在工作中表现出出色的认知能力，谦虚的态度，有创造性，有勇气，不胆怯，有责任心。我忧虑的是，即使自己坚持按照自己的期望走下去，但是发现现实和自己期望之间的差距大到无法接受的地步，自己会不会崩溃呢。

在当时浮躁的氛围下，自己的坚持显得那么可笑。那些越积越多的负面情绪让如此乐观的我都倍感压力。为了让自己能摆脱那些像五指山一样沉重的压力，我拼命地将自己淹没在工作中。我仿佛找到了高考前的那股专注，心无旁骛地投入工作之中并没有让我感到工作的压力巨大，反而淡化了压力。也是因为这份投入和专注，我在工作中感受到了成就感和幸福感。

多年以后，我站在讲台上把自己的幸福带给每个学员的时候，我终于知道：当初的坚持并没有辜负自己。

怡彤老师说

职场压力过大，年轻员工难以在职场中感知"幸福"。随着知识经济时代的到来，社会竞争空前剧烈，越来越多的年轻员工，早早就开始面对房子、婚姻、家庭、子女、人际等社会现实问题，尤其在一些浮躁氛围的鼓吹下，价值观的扭曲更彰显年轻员工自我不断提高的期望值与现实差距之间的矛盾。工作竞争和人生理想实现的多重压力，导致越来越多的工作负面情绪出现，年轻员工难以在职场中感知"幸福"。

在中国庞大的"剩女"队伍中，有一个特殊群体引人注目，她们被称为"胜女"。当许多"剩女"因形单影只而自怨自艾、令人嘘唏时，无论在职场中还是生活中，同样单身的"胜女"都以自信、自我、自由的形象，令人不得不折服于她们的魅力。

"剩女"就应该垂首自怜吗？"胜女"告诉我们，答案是"NO"。正如在韩国大选中高票得胜的朴槿惠女士，自称"无父母、无丈夫、无子女"的她以果敢、务实的政治家魅力赢得了广大韩国民众的支持，成为韩国首位女性总统，尽显"胜女"风范，令人折腰。

实际上，"剩女"与"胜女"不仅仅差一步之遥，后者是在实践一场蜕变。从马斯洛的角度，自我实现是潜在人性（天资、潜能、能力）的一种自然显露和现实化过程，是自我发挥、自我完成、竭尽全力使自己完美的过程。这种完美，是事业与生活的和谐，是精神与物质享受的双丰收。不管是主动选择，还是被动剩下，职场"胜女"选择了自我实现、自我完善的蜕变历程。

自信——

在事业上，职场"剩女"拥有自己高标准、严要求，不要求最好但求精益求精，在职场中尽显自己的能力、潜力、天资，在事业的一次又一次成功中获取自己的"高峰体验"（Peak Experience）——人的最佳状态，自我的强烈同一性体验。于是，在生活中，她们也不断地充实自己，或进修或旅游，开拓自己的眼界。在此刻她们具有最高程度的认同感，最接近真正的自己，达到了自己独一无二的人格或特质的顶点，潜能发挥到最大程度。自信，不言而喻。

自我——

面对自我认同与社会期待之间的矛盾，职场"剩女"牢牢把握其中的平衡点——主动选择权。自我认同是指个性化的价值追求，社会期待则是社会化的价值路径。如婚姻，社会群体价值认为，建立婚姻关系是适龄女性的必需行为，"剩女"的"单身"状态与社会期待不符，带来许多负面评价。许多"剩女"被舆论打败，为走进婚姻而匆匆忙忙，迷失了自己，丧失规划。然而对"胜女"而言，单身并不是外力所迫，它更不意味着亲密关系的缺乏，而是对人生有信心、负责任的选择。这种主动选择的意识根植在"胜女"的思维中，让她们面对任何矛盾都不会迷失，包括婚姻。同时，她们也不一味倡导女权主义的强势之风，她们深谙应用女性的优势去包容和融通职场中的不公平。知名媒体人杨澜曾经说过，女人可以不成功，但不能不成长。成长就是自觉迈向自我的航程。

自由——

这种自由，是"心理自由"——从个体发展上来看，一个自我实现的个体，实质上是将自我调节、自我控制能力高度发展情况下的多方面心理素质不断提升，即达到"心理自由"。在职场上，通常表现为出色的认知能力，谦虚的态度，致力于自己所认为重要的工作、任务、责任和职业，有创造性、有勇气，不胆怯，不怕犯愚我的错误，很少有自我冲突的状态。这种"心理自由"源于胜女高水平的心理弹性——对外界环境变化的主动适应和积极调控。面对非议，胜女并非坐以待毙，而是直面非议的核心，以最佳状态的自己改变环境。例如，对于"被剩下来"的社会歧视，"胜女"调整自己心态，明确自己婚姻价值观和职业发展路径，以有准备的状态迎接机会。谁敢说，她们不是自由的呢！韩国总统朴槿惠女士就曾经说过，她嫁给了韩国人民。这种把人生价值观放在国家、民族、人民的高度，也是一个女性高度自我实现的表现。

但是我并不是倡导大家不去恋爱与结婚，我只是尊重一些女性的选择，当然我是多么强烈推崇女性在职场中找到自己的幸福。职场不是人生的全部，婚姻也不是人生的全部，任何一个职场女性，都在面对着职业与婚姻的问题。我认为首先是心态，其次是时间管理，再次是人脉，个人形象与品牌也是问题的关键。在幸福的实例研究中，"工作心流"是一个常常被提起的词。"工作心流"意指，在工作当中，如果有"忘却时间、忘却自我、工作具有控制感、及时反馈以及需要一定技能才能完成"这几个方面的要求，那么员工在工作中感受到的幸福感将大大提高。女性可以通过在职场的一场自我实现式的蜕变，去把握住"自信、自我、自由"的职场成功女性秘诀。"越专注，越幸福"这是在职场幸福中一个实证的结果，我们希望通过更多的渠道进行传播，让员工普遍感受到职场的幸福。

第 5 章

好心态很重要

拒当"打工者"

"打工"虽是中国改革开放的产物，但却成了众多都市白领安身立命的本钱。话说"打工"最重要的不是真正"打工"，而是在工作中流露出的"今朝有酒今朝醉"，"各人自扫门前雪"的"打工心态"。

年度的拓展培训计划是公司培训的重头戏，由于我在工作中的出色表现，陈力生把整个活动筹划交给我和付江龙一起负责，但和付江龙的配合却让我犯了难。

"怎么搞的？这么简单的事都办不好？之前不是特意交代过经费问题吗？会场安排那么偏僻，接送员工的包车费用会大量增加，你们难道没有考虑？"一大早陈力生就对我发出指责，我吐吐舌头，从陈力生办公室走出来后迎面碰上了一脸慌张的付江龙。

我叫住了付江龙，悄悄把方案被"枪毙"的事告诉他。付江龙想了一想，一脸不耐烦地让我去会议室等他，两人重新考虑一下活动的预算问题，特别是场地选择问题。

走进会议室后，付江龙神神秘秘地把会议室的门关上，把供应商目录往桌上狠狠一摔，叹了一口气："老陈有病吧？"说完看了我一眼，又说，"你不觉得这些领导脑子都有问题吗？"

我一时也想不到什么反驳的话，只好默默在一旁听着。

付江龙继续发泄着他的不满："哪有那么好的事？又想省钱，又想样样都是好的，纯粹是在给我们出难题！"付江龙打开目录哗啦哗啦地翻起来，嘴里还不时唠叨。

我知道付江龙这个人怀有很深的"打工仔"心态，他总是喜欢抱怨别人，抱怨工作，而且过分敏感。有时候陈力生只是瞄了他一眼，付江龙就可以在我耳朵边悉悉索索问好几天，诚惶诚恐地认为自己一定又落了什么小辫子在陈力生手里。对于上司，付江龙私底下是抱怨；对于下级，付江龙又非常固执，总是咄咄逼人，经常说些让我很为难的话。

对于如此消极的付江龙，我觉得远离他是非常有效的办法，可这毕竟是工作，怎么躲？我发现，在消极人群中，无论是谁都还是有积极的一面，譬如上司付江龙，虽然他喜欢抱怨领导，还总是咄咄逼人，但在专业技能方面却非常优秀。也许这就是这类人的特点，是"恃才傲物"的表现。虽然跟付江龙工作有些不愉快，但我还是以积极的心态跟付江龙工作、学习，这让我在业务方面得到很大提升。

　　"陈力生真的很喜欢无理取闹！他总是想当然地布置任务，一点都不为我们考虑。" "诉苦"的理由总是源源不断，付江龙又开始宣泄他内心的不平衡感。

我面对这样的场景，只好微笑，如果这个时候我赞同他的话，则会被消极传染，两个人有可能一起跌入"消极"的陷阱。如果我表示不赞同的话，付江龙就会咄咄逼人和我争论半天，最后浪费的是大家的时间。

我转念一想，说道："哎呀，付经理啊，你来帮我看看这个方案会不会被骂啊？我还有很多细节上的问题要请教您……"有时候"躲避"并不一定要真正的在距离上远离消极人群，投其所好，转移他们的注意力也是一种好方法。

怡彤老师说

讲解这节内容之前，我们先做个测试，要在职场中有所发展，一方面要发挥个人的能力，另一方面还要移除不少障碍，才可以在职场中扶摇直上。以下 10 项是针对未能有出色表现的员工，而归纳出来的职场障碍，我们可以一一对照一下：

缺乏创意：只会做机械性的工作，不停地模仿他人，不会追求自我创新、自我突破，认为多做多错，少做少错。

难以合作：没有丝毫团队精神，不愿与别人配合及分享自己的能力，并无视他人的意见，自顾自地工作。

适应力差：对环境无法适应，对市场变动经常无所适从或不知所措，只知请教上级，也不能接受职位调动或轮班等工作的改变。

浪费资源：成本意识很差，常无限制地任意申报交际费、交通费等，不注重生产效率而造成许多浪费。

不愿沟通：出现问题时，不愿意直接沟通或不敢表达出来，总是保持沉默，任由事情恶化下去，没有诚意带出问题，更不愿意通过沟通共同找出解决方案。

没有礼貌：不守时，常常迟到早退；服装不整，不尊重他人；做事散漫或刚愎自用，在过分的自我中心下，根本不在乎他人。

欠缺人缘：易嫉妒他人，并不欣赏别人的成就，更不愿意向他人学习，以致在需要同事帮助的时候，没有人肯伸手援助。

孤陋寡闻：凡事需要别人的照顾及指引，独立工作能力差，需要十分清晰而仔细的工作指引，否则干不好。对社会问题及行业趋势也从不关心，不肯充实专业知识，很少阅读专业书籍及参加相关活动。

忽视健康：不注重均衡生活，只知道一天到晚地工作；常常闷闷不乐，工作情绪低落；自觉压力太大，并将这种压力传染给同事。

自我设限：不肯追求成长、突破自己，不肯主动接受新工作的挑战。抱着"打工"的心态，认为公司给什么就接受什么，自己只是一个人微言轻的小职员。

以上 10 个障碍值得逐一跨越，只要对态度、知识、技巧等作出检讨，并且肯思考、判断、分析，并与时并进地学习，就能移除障碍。

"打工"一词是 20 世纪 80 年代从香港地区传到大陆的，起初的意思大概是指受雇于人，从事体力工作或文职工作，辛苦劳累，身份卑微，收入缴薄且不稳定。经过几十年的演变，"打工"的内涵扩大了，现在可以理解为凡是自己不是老板，而受雇于老板的工作，都叫打工。

比如被称之为"打工皇帝""打工女皇"等，虽然他们已经非常成功了，收入高、地位高，却依然被称为打工者，就是因为他们本人不是老板。当然还有更深一层的意思，凡是受制于人的工作，或者为别人服务的工作，都可以称为打工。比如政府的公务员会说"我在为老百姓打工"，这说明他的工作是为老百姓服务，受到老百姓监督。

再比如，某公司的老板说"不是你们为我打工，而是我为你们打工"，自己明明是老板，怎么也成为打工者了？这是因为老板开了公司，满足了员工的成长和生活的愿望，而自己的愿望却没有实现，就成了老板为员工打工了。

"打工"本身没有褒义与贬义之分，但是，作为职场人士"打工者"的心态不可取。"打工者"的心态大致表现为：我是在为别人而工作；此处不留人自有留人处；我是个打工的，我管不了那么多；打工就是为了挣钱，等等。自称为打工者的人给别人的感觉是看低自己，随时有撤退的可能，与企业关系淡薄。这些心态对于打工者的个人成长与长期利益没有任何好处。

"打工心态"往往表现出某些职场人对企业、对团队利益漠不关心。团队发展是个人发展的基石，"打工心态"具有相互传染的作用，一个人出现消极的"打工心态"会使整个团队受到影响。坚强的团队不怕百战失利，就怕灰心丧气。

思路决定出路。打工者的心态决定了自己不会成为公司不可分的一分子，这样的心态导致自己成长的大门被关了一扇，任何一个老板都不可能把成长的机会让给一位有"打工者心态"的员工。同样的机会，同样的工作能力，甚至员工 A 的工作能力还比员工 B 的高，但员工 A 的思想行为处处表现出了打工者的心态，精于算计，出多少钱干多少事，太过斤斤计较。而员工 B 着眼长远，识大局，懂得取舍之道，把公司的事当作自己的事一样地干（本来就是自己的事，对于认识深刻的员工是如此），那么员工 A 在职场道路上永远没有成长的机会，而员工 B 却经常被机会光顾。这就是"打工者心态"的利与弊。

"打工者心态"认为自己永远是为别人而工作。因为是为别人，本来要"十分"用心，结果却用心"八分"，得到了"六分"的结果。而一旦是为自己，本来要"十分"的用心，结果却"十二分"用心，最后得到了"十四分"的结果。

要想取，先得舍。看得开处处是机会，看不开处处是阻碍。有句开玩笑的话，中国啥都缺，就是不缺人。为什么涨工资是别人？为什么升职是别人？为什么机会从来没有降临到自己的头上？想一想吧，是不是"打工者心态"遮挡住了你的心智。无为之为，无欲之欲，无私之私，会无往而不胜的，无为之为是大为，无欲之欲是大俭，无私之私是大善。也许你会说这是一家很烂的公司，我不会在这里干多长时间，但是不管你干多长时间，不影响你以长远的思维去对待工作。不管在什么样的公司，只要你身在其职，就应该用职业化的姿态对待自己的工作。

把工作视为事业，做人生的赢家

上午十点，陈力生和我坐在大会议室里商讨招聘的一些事宜，我们面前摆放了厚厚一沓简历，看来今天的工作量必然不会少。我不喜欢做招聘工作，因为做法很不专业，面对那些刚出校门的新人，我总是狠不下心，总是忍不住提醒应聘者怎样做才会更容易获得职位。

应聘不是"过家家"，它是应聘者和被应聘者思维碰撞和博弈的过程，由于劳动者"供过于求"，陈力生总是一脸严肃地问应聘者："你对自己的职业规划是怎样的？可以和我们分享一下吗？"

面试者胸有成竹，面带微笑："我刚刚出校门，我希望能有一份能够养活自己的工作，让我在经济上可以独立。两三年后，我希望能从技术工作转型做市场或是销售类的工作，攒积自己的人脉和经验。"

这样千篇一律的答案，我听得太多了。果不其然，陈力生不动声色地把简历从文件夹里抽出来，看了一眼我。我心领神会地对面试者说："谢谢你来参加我们的面试，你的基本情况我们都已经了解了，我们将在三个工作日后通知你录用结果，你可以回去等消息了。"应聘者礼貌地起身退出了会议室。

"终于结束了。"陈力生边说边把文件夹里的几份简历收了起来，我心照不宣地把文件夹外的简历整理了一下。这是陈力生的习惯，只要他把简历抽出文件夹，说明这个人已经失去了竞争这个工作岗位的机会了，多说无益，我可以直接打发了。

收拾完，陈力生似乎并没有离开会议室的意思。我拿着陈力生的水杯帮他接了杯水。陈力生说道："为什么每个人都只是把工作当成 job，他们只是为了谋生而工作，对工作只希望得到金钱这一种回报。"

我说："其实这也是人之常情嘛，因为工作最直接的回报就是金钱，这也是很多人工作的目的呀。工作或许有些别的回报，但是因为那些回报是很难被量化或是有形化的，所以容易被大家忽略，金钱被认为是标准。"

陈力生点点头说："对，但是我却不这样认为，我从一毕业工作就不这样认为。的确，我也是为了报酬而工作，可是我更多的时候可以在工作中获得成就感，这些成就感就是我热爱自己的职业的原因之一。也正是因为我的热爱，我才能在工作中更投入，也使得我比别人晋升得快，这显然也是工作的意义之一。"

 怡彤老师说

　　我非常清楚工作、职业和事业的差别，它们各自有自己的意义。如果员工将就业视为工作，那么这只是他达到目的的一种手段（如他的目的是养家糊口），这类员工不期望从中获得薪水之外的其他东西。员工能在组织卖命的唯一驱动力只是薪水，如有薪酬水平更为吸引的工作摆在他们面前，他们会是第一个跳槽的人。

　　如果员工将就业视为职业，那表示员工对这有更深的投入，他不仅通过金钱来现实自己的成就，也通过升迁来彰显自己的成功。员工喜爱这份职业，但是希望几年后自己能有更好的职业发展，获得更高的薪水。因此，这类人与同一东家维持良好合作关系的期限不会超过5年。

　　如果员工将就业视为事业，那他会充满热情，甘于与东家同舟共济。从马斯洛的需求层次理论来看，事业能够满足一个人最高层次的需求，也就是获得社会的认可以及自我价值的实现。自我实现的需求，是在生理、安全、社交和尊重这四个需求被满足的前提下，继而产生的一种衍生性需求。自我实现的需求包括了对于真善美的至高人生境界的追求。

　　曾有一家分公司的销售经理对我说："很多人都说热爱自己的工作，可是我觉得我对于这份工作不光是热爱，还有一份责任。所以每一次销售部离开一个同事，我都倍感心疼。因为我觉得事业是自己生命中重要的一个部分，我很高兴自己可以进入这个行业，这家企业。

所以不管路途有多遥远，不管上班事情繁多，甚至有可能不太在乎薪酬，只要我喜欢，就会去从事。"

　　但是大部分时间，我遇到的都是把工作当成工作的人。每到发工资的第二天，就有很多人跑到人力资源部来询问自己的工资情况。

　　"昨天发工资了，为什么这个月我的出勤扣了那么多？有的时候我迟到，但是我补了请假条的，怎么也要扣我的工资？"这种算是客气的同事。

　　"你们人资怎么做事的？动不动就克扣我们工资，公司又不是你家开的……"当然也难免遇到这样说话不好听的同事。

　　职场经历多了，我明白这样一个道理，把工作当成事业并不是所有人都乐意为之的，也并非所有都能实现。只有当这份工作被员工自己确定为人生目标和理想时，员工才会不惜一切个人资源和努力为之奋斗，甚至将自己的人生投入其中。反之则是只希望得到回报，不愿意付出。

　　我扪心自问，自己能不能把目前的工作当作一份事业来对待，答案是很不确定的。但是，我还是努力从心理上引导自己。我曾在自己的备忘录里简明扼要地写下每一项工作的成果，时常提醒自己，每一项工作都非常有价值，也非常有意义。

　　职场中，每个人都想成为激烈竞争下的赢家，但是只有把工作视为事业的人才能成为赢家，因为他们在工作中能体会到快乐，能感到幸福。工作中的小小成功都能给我带来很大的满足感，虽然还不能完全把工作当作事业来对待，但尽可能地往这个方向努力，因为想在中获得无限快乐，获得自由。

初入职场，当我们还无法将工作视为事业时，我们该怎么办？根据马斯洛需求层次理论，人的需求从低到高分为五个部分，但在职场中只要能够满足生存需求、尊重需求和发展需求，那么个人在拼搏过程中就可以获一定的满足感，将就业视为事业的几率就比较大。

初入职场，我们首先要满足生存要求，然后才是发展要求。当还无法解决温饱问题的时候，我们可以将"事业"当成一种心态，想什么来什么，只要具备这种心态，把工作当作事业只欠东风。

身在职场，怎么样才能把工作当作事业？职场就是一个大熔炉，这里包罗万象，气象万千！面对激烈的竞争环境，我们不但要"找口饭吃"，更重要的是获得他人的尊重，让我们的工作、生活过得更加有意义，享受幸福。

员工将自己的工作当作事业来做，公司努力让员工将在企业就业视为他的事业。企业如果能够让员工在公司拼搏的过程中收获很大的满足感，那么员工就会以极大的热情作为回报，甚至把为公司贡献自己的力量视作生命里面不可或缺的存在。

首先，对工作要有激情。激情，是一种饱满的精神状态，是一种积极的工作态度，它是事业之魂，成功之基。工作没有激情，就好比身体没有灵魂。一旦工作有了激情，就可以不畏艰险，不怕失败。

其次，以做学问的态度和精神做工作。工作中有学问，实践中有真知。相同或相似岗位，有人碌碌无为，有人却成绩斐然；有人停滞不前，有人却不断攀升，同一项工作由不同的人来做，可能事倍功半，也可能事半功倍，原因就在于对其中所包含学问的参悟程度不同。

最后，以寻找乐趣和忠于职守的态度做工作。视工作为乐趣，就能找到快乐的源泉，就会激发工作的热情和创造力，就会"乐此不疲"，而不会把工作仅仅视为谋生的手段，更不会当成负担，当成累赘。古人云："在其位，谋其政；行其权，尽其责。"有了这种精神，干不好工作就寝食不安，不创一流誓不罢休，而不是心浮气躁、得过且过，做一天和尚撞一天钟。

如果工作只是你的一件差事，那么即使是从事你最喜欢的工作，你仍然无法持久地保持对工作的激情。但如果你把工作当作一项事业来看待，情况就会完全不同了。

Chapter 6

第 **6** 章

在职场高效运转

寻找职场良师

"大学毕业至今，在不同时期、不同岗位，我多次作为新人接受前辈们的指导，受益无穷。"我回忆多年来的职业生涯，不禁感慨。多年来，虽然数次经历风波，我在"学徒"与"老师"角色互换之间追求进步，我的身边也有很多培育我，带我跨越事业高峰的职场良师。

"20分钟后人力资源部所有人员到第二会议室开会，你过去通知彭佳，她们部门也一起参加。"陈力生安排今日的工作。

十几分钟后，第二会议室已坐满人。萨莉问我："什么事啊？这么着急？"

我摇摇头，示意自己也不知道，萨莉只好嘟嘟嘴，埋头看着自己的手机。几分钟之后，陈力生走进办公室，领带松松垮垮系在脖子上，我第一次看见陈力生如此一副如临大敌的模样。

"分公司老总回广州的事，大家应该都知道吧。"陈力生顿了顿，环顾了一下众人，接着说："总部对分公司前两个季度的业绩十分不满，我刚刚接到贾斯汀的电话，总公司领导要在本周末到咱们分公司视察。这次的接待任务由我们人力资源部负责，希望大家打起精神好好做事。"

接下来，从星期一到星期五，人力资源部进入"5×24"全面备战状态。

任务很快分配到每个人，我之前在行政部做过接待工作，与很多供应商打过交道，因此被安排负责食宿工作。

但是我的进展并不顺利，到了周三还没有把经费搞定，因此，我也被领导叫到办公室："不是让你先去和财务沟通了之后再做决定的吗？你沟通了吗？"

我确实没有先去与财务沟通，每次提到财务部就犯怵，就一拖再拖没去沟通，我只好硬着头皮说："我确实没和财务部沟通，我现在就去问。您看这样行不行：您暂时在这份方案上做修改，我和财务部沟通之后，把财务部和您的意见综合在一起，这样行吗？……"

我自诩自己是有担当的人，错了就该承担。我也明白，陈力生之所以比自己的职位高，一定是因为他在很多方面的工作经验丰富过自己。陈力生在帮我分析问题、解决问题的时候，我很乐意接受。陈力生其实并不会出于恶意责怪我，他是为了我的成长，哪个新人不是在错误中总结经验的？

于是我赶紧按照方案去处理，很快便完成了。

师者，传道、授业、解惑也。老师，不仅仅是一种行业的称呼，内涵可以延伸为教导、帮助他人的人。除了学校的老师外，在职场中也有很多虽不称为老师，胜似老师的人——或许是你的师傅、上司、主管、客户、资历丰富的同事。这些老师不仅可以教自己工作方法，还可以直接影响自己对工作生涯的看法，甚至可以变成职场的良师益友。

很多人都是我的职场良师，在他们的提携下，我很幸运地获得了好工作。职场良师不是时时有、处处在，有时候我们苦寻的那个良师，可能就像沙发底下的那枚纽扣很难找到。但是如果你善于发掘，抱着时时虚心向他人学习的心态，职场良师无处不在。有时候同事和上级不经意地提点都可能让你迈出一大步。

怡彤老师说

身在职场，良师可遇而不可求，如果有人肯在职场里提携你一程，成长的速度会大幅度提升。进入"后伯乐时代"，守株待兔式地等待职场良师显然是过于被动，我们应该主动出击，在职场里寻找自己的良师。根据新浪的一份调查显示，有47%的人在职场中会偶尔遇到职场良师，这47%的人中又有44%的人认为职场良师是自己的上司。

职场最初的关系形态是师徒制。《西游记》的四位师徒历经磨难获取真经就是最佳案例。如今的社会，师徒制单一性管理方式被组织行为当中更为先进的形式所打破，但"老师"这个形象，依然内化进入了不少职场人的记忆中。初入行时候遇到的年长的人，往往不仅教导自己专业技能，还直接影响我们对职业生涯的看法，一直都是每个人心目中的职场良师。

职场良师可以给予我们什么帮助呢？

- 教导你提高工作技能；

- 提供有关组织的文化见解；

- 引导你正确观察问题并做出评判；

- 带领你进入团队和项目；

- 解答你工作当中的疑惑；

- 启发你建立更全面的思考方式。

职场良师既然能提供那么多帮助，我相信很多职场新人都一定很乐于接受良师的帮助，可是在寻找职场良师前，需要先思考几个问题：

1. 我希望良师益友能给予我哪些方面的帮助？

2. 我希望用什么方式与之学习？

3. 我希望可以学到什么（能力和素质）？

徒弟找老师，也要认清自己的优点和缺点，分析自己的目标和学习风格，这样良师才可以弥补你的缺失。

职场良师一半来自于你的工作场所或者非工作场所，包括老板、上司、客户、老雇员或者离职的人。只要觉得对方有提供给你解决问题的方法的能力，那么就是你某方面的良师。

职场新人要懂得主动出击，争取获得良师受益的机会。在职场上，从本分工作做起，培养实力，展现自己真实的一面，虚心请教，抱着一颗感恩学习的心，职场良师的大门就很容易敲开。职场的良师益友，往往会以经验作为教导前提。职场新人要懂得提问，带着想法去问问题，这样在良师身上交换看法、总结经验。良师益友不一定能给你确切的答案，或者帮你做出决策，但是经过点拨、经验传授，会令你思路豁然开朗，困难也会迎刃而解。

与职场良师益友的互动，不仅仅是和颜悦色，也要经得起批评。至少要注意以下三点：

1. 如果你太爱面子，谁来当你的职场良师都没有用；

2. 知道是自己问题时，千万别为自己找借口，很容易失去立场；

3. 如果你态度开放，欣然接受别人的指正，很多人都乐于成为你的职场良师。

职场良师的批评是另一种教导。新人要理解这点，确实不易。在职场，博弈是常态，所以感恩惜福成为了很多人想做而未做的非常规行为。职场良师与你之间也是一个教学相长的过程，双赢收益才是不倒的真理。职场良师也会选择一个值得帮助的人，而非需要帮助的人。

明日复明日，明日何其多

我虽然以高强度的工作姿态积极应对每一天的挑战，但是越来越多的工作却总让我手忙脚乱。月尾是每个月最让我头痛的日子了，总有那么多的事情堆着亟待解决，如一堆报告要交、月总结要上交……我幻想，要是自己有一台办事机器可以斩掉月尾的几天，那该多好。

月底到了，又到做总结的时候，我打开邮箱，在一堆邮件中挑出了行政部的工作总结，密密麻麻的字眼看了不到两行，陈力生的内线电话打了过来："报告写好了吗？工作总结写好没有？写了立即发过来！"

我说："基本上已经写好了，还有一些小细节要修改，我写完了发到您的邮箱，明天一早您就能够看到。"

"嗯，好的，快点写。"陈力生说着便挂断了电话。

对着电脑，我是一个头两个大，因为我说了"谎"——陈力生的报告根本还没有写，而我自己的工作报告也只是列了大纲。这些工作本来预留了将近一个星期的时间，并不是我偷懒，而是不经意间一整天的时间就过去了。每到下班的时间，我就会跟自己说："没事，明天再写吧，反正也花不了多少时间。"但是第二天又有可能被别的事情耽误了，我又会想："没事，离交报告还有三天呢，明天再写也来得及。"于是就这样一拖再拖，最后临到快要交报告了，我才会开始动手写。

这不就是传说中的"拖延症"吗？

离下班只有一个小时，可我手上有三份工作等着上交。我心理和生理上都到达了承受压力的临界点。我既要认真且全心全意写着报告，又要担心陈力生路过背后发现其实我并没有完成，防着"谎言"被揭穿。这和以前上学时在课桌洞里偷看闲书的情景大同小异——如果这时候电话铃响起，或者有人喊我一声，我觉得自己可以立即休克。

平时总觉得一天好漫长，可在这个时候，时间却显得特别短，我只写完第一份工作报告，窗外天就已经暗了下来。总监办公室早已人去楼空，可办公室里并不是我一个人，大伙都在埋头苦干。

我写完第二份报告的时候，下班时间已经过去两个小时了。

我走出办公室，心里暗暗发誓：一定要改掉自己的拖延问题。

回到家，我第一件事就是打开电脑，一口气在网上买了几本克服拖延症的书。我抱着和拖延症死磕的心态，投入到了拖延症的抗战中。

我发现，拖延症说到底也不过是心态问题，但如果不加以治疗，会出现周而复始逐步加重的情况。拖延症往往会带来严重的挫败感和心理问题，而这种对自己失望的挫败感又会让自己陷入到下一次的拖延之中。

以前，我在做事之前总是思来想去，等到万事俱备时才开始着手。如写报告，我总是想："不如等到我把手上所有事都做完再安安心心写吧。"可是工作怎么可能都能做完？于是我想到一个好方法，每次有新工作的时候，我就会在手机上设置一个提醒，只要提醒时间一到，我会立刻着手新的工作。每项工作只要有了开始，要继续完成便也成了易事。

自从调到人事部之后，我更多的时候需要独自面对更多的问题与挑战，但我的个性却不是特别愿意向他人寻求帮助，有些时候会被逼到"迫不得已"。我知道这种情况不好，但我又很怕别人说我没有能力，很少在别人面前表现出能力上的不足。

有一次，陈力生让我拟定一份招聘宣传案，按理说这个并不难，可是在遇到一些专业性技术问题时，我找不到以往的参考，所以一拖再拖。每次陈力生催我的时候，我就说快了，实际上根本还没有写好。这种事情的结果可想而知，这次的纰漏其实已经影响到我的职业生涯。

亡羊补牢，为时不晚。我发明了任务分块法，每遇到非常难的工作，我会舍弃做"缩头乌龟"，把任务划分成若干个小任务，小任务很容易完成，这足以让我信心十足。在心理上获得成功的鼓励，"化整为零"成为我对抗拖延症的良方。

"报告……"陈力生又坐在自己办公室朝外喊了，可是他没有喊完，因为陈力生发现，自己要的报告早就已经躺在邮箱里了。我对着自己桌上的小镜子做了个鬼脸：耶，拖延症对抗战完胜！

怡彤老师说

别怕拖延，因为我也曾是"拖延症"大军中的一员。这段曾经不太"光荣"的事迹我也愿意拿出来与大家分享。拖延不是病，只要我们有一颗敢于面对的心，只要我们鼓足勇气去解决这个问题，战胜"拖延"指日可待。

拖延症，近些年被媒体多次提起。作为应用心理学的研究者，我一直认为拖延问题比大多数人想象的严重得多。焦虑、拖延、更焦虑、更拖延，每个行为和情绪背后，都有着深刻的心理根源，只有了解这些根源之后，才能减少或者控制拖延行为的不断蔓延。

百度旗下招聘网站百伯于 2011 年曾做过一项关于"拖延症"的调查，结果显示，近九成职场人均患有拖延症，并且，86% 的职场人直言自己有拖延症，仅 4% 的职场人明确声明自己没有拖延症。

在心理学研究中，拖延是一个由多种心理原因构成的复杂行为表现。职场中，慢性拖延问题影响到 25% 的成年人。拖延令他们感到表现不佳，职场发展不尽如人意。有超过 95% 的拖延者希望减轻自己的拖延症状。

我对拖延症可谓深恶痛绝，我也曾在自己的 MSN 上写下签名："拖延就像蒲公英，你把它拔掉，以为它不会长出来了，但实际上它的根埋藏得很深，很快就又长出来。"我不得不承认，拖延作为职场"顽症"直接影响着我在职业上的发展。

表现一：迷失在时间感里

有人说拖延是为了等待最后一刻灵感爆发，例如，我曾经咨询过一位跨国公司创意总监 Ada，她是一个典型的急才型选手。每次提案之前，她都会把工作集中在最后时刻去完成。而且时间逼得越紧，其潜能就会被激发得越多，灵感也越多。关键是做完后，觉得一切都在掌握之中。偶尔完成不了的例子，她就会列出很多理由。所以，总爱把事情拖到最后一刻才完成，哪怕之前有大把的空闲时间无处打发。这是拖延者的一个行为表现之一。这类情况，在职场屡见不鲜。很多拖延者生活在时间感的迷失中而难以自拔，最明显的表现：主观时间和钟表时间严重冲突。

我们对时间的流逝都有自己最切实的感受，时而觉得如蜗牛般慢，时而觉得白驹过隙，这种主观时间感，让我们真切感受到"自我"的存在。这就是主观时间的概念。它独立于钟表时间以外。很多因素影响我们形成主观时间的感受，如科学家研究出来的称之为"时间基因"，它令某些人是工作效率的高手，有些人则沦为拖延者。拖延者，与那些能够在主观时间和钟表时间中自由流畅出入的人不同，他们一直在挣扎。

因此，我用这个观点分析 Ada 的拖延症表现：

- 主观时间感强，只按自己的时间表行事；
- 出现掌控的幻觉：掌握时间、掌握事件、掌握现实；

● 建立一个全能的自我认知。

为何会出现这种时间感认知不协调的情况呢？这跟人的时间感演化有密切的关系。时间感的演化经过了，我引用《拖延心理学》书中的内容说明：

● 婴儿时间：完全活在当下，时间感主观。

● 幼儿时间：逐步学会过去、现在和未来。

● 儿童时间：懂得叙述时间，懂得等待和间隔。

● 少年时间：第一次感到时间的无限性。

● 青年时间：依然感受到时间无限性，更容易出现时间感混乱。

● 中年时间：时间危机出现，认识时间有限性。

● 老年时间：经历了生离死别，钟表时间不再重要，强调主观时间。

许多拖延者往往对于时间的感知与他们所处的人生阶段不符，认知停留在青少年期，对时间的流逝毫不在意。简单来说，就是一个成年人还以青少年的时间想法来应对工作、家庭、财务和健康等问题。长久使然，就让拖延卡住了自己的人生之路。

接下来，我再分析第二种拖延的表现。

表现二：害怕面对失败

"我宁愿被人认为做事情没有尽心尽力，也不愿意让人说我没有能力、胜任不了这份工作！"说这句话的人是前来向我做心理咨询的一名年轻律师。他学业优秀，带着无比的自豪，他在众多竞争者中脱颖而出进入了一家颇具名望的律师事务所。工作不久，精英圈的工作氛围，让他开始用拖延策略来面对工作。上面的那句话就是他的心声。在他看来，学校成绩证明他具备做律师的能力。但事实上这就能使他成为一个出色的律师吗？通过长时间拖住不写案件小结，他回避探测自己的实干潜能。如果他表现不尽人意，失败的打击会让他非常害怕，以至于宁愿拖拖拉拉，他也不愿意面对自己表现最佳而得不到充分评价的的现实。

拖延，只是为了回避一个承认自己失败的窘相，虽然失败并不一定会发生。拖延者对"失败"有两个假设信念：

- 我做的事情失败直接反映我全部能力；
- 我的能力反映我的个人价值。

就如形成一个公式：**自我价值感 = 能力 = 表现**

事实上，拖延者往往把处理某件事的能力等于全部的自我评价，忽略了其他因素。当一个人的自我价值感是由单一因素决定时，问题就产生了。拖延打断了能力与表现的等号。表现不等于能力，因此如果别人的评价不足，也可以以拖延为借口，说自己未尽力。让拖延安慰自己。

宁愿选择承受拖延的困扰，也不愿直指真相，回避他人对自己的负面评价以保护自尊和自我价值。这就是选择拖延的另一原因。

在职场中，如何有效克服拖延症？我给大家几条建议：

建议一、分清主次，学会运用二八法则

分类：生活中肯定会有一些突发性和亟待要解决的问题。成功者花时间做最重要而不是最紧急的事情。把所有工作分成急并重、重但不急、急但不重、不急也不重四类，依次完成。你发每封电子邮件时不一定要字斟句酌，但是呈交老板的计划书就要周详细密了。

分解：把大任务分成小任务。

建议二、消除干扰

关掉 QQ、关掉音乐、关掉电视……将一切会影响你工作效率的东西统统关掉，全力以赴地去做事情。

建议三、不要给自己太长时间

心理专家弗瓦尔发现，花两年时间完成论文的研究生总能给自己留一点时间放松、休整。那些花三年或者三年以上写论文的人几乎每分钟都在搜集资料和写作。所以，有时候工作时间拖得越长，工作效率越低。

建议四、互相监督

找些朋友一起克服这个坏习惯，比单打独斗容易得多。

建议五、别美化压力

不要相信像"压力之下必有勇夫"这样的错误说法。你可以列一个短期、中期和长期目标的时间表，以避免把什么事情都耽搁到最后一分钟。

建议六、设定更具体的目标

如果你的计划是"我要减肥，保持好身段"，那么这个计划很可能"流产"。但如果你的计划是"我每周三次早上七点起床跑步"，那么这个计划很可能被坚持下来。所以，你不妨把任务划分成一个个可以控制的小目标。当你的家里看起来像一个垃圾站时，让它立刻纤尘不染可能是一件不现实的事，但是花十五分钟把洗手间清洁一下却也不算太难。

建议七、寻求专业的帮助

如果拖沓影响了你的前程，不妨去看看心理医生，"理性情绪行为疗法"可能会有效。认知方法可以帮患者斩断拖延思维，情绪方法可以让患者练就情绪肌肉，行为方法可以教患者如何果断地行动。临床指导中把这些方法简单分为两类：注重内心成长和价值观的梳理或注重任务解决和时间管理的执行。

第一类方法，强调挖掘拖延行为的根源，倡导从拖延的根本原因入手，加强对自身的觉察。例如通常拖延者会有完美主义倾向，希望自己准备到完美才开始，那么让他意识到"且行且完美"更具有可行性。化解负面情绪、调整不合理认知、强化行为改变，从对自己更深的认识和接纳来实现拖延行为的改善。这类方法似乎更能彻底解决问题，也更有利于预防反复。

第二类方法则聚焦于任务本身的执行，挖掘、组织并利用自身的积极资源和社会支持系统，力求有个陪练，以在短时间内克服障碍，实现目标。

换个角度看问题

我再一次正视自己在时间规划和安排上的弱点，希望把拖延症彻底根治。我看了很多关于拖延症的书，除了了解到拖延症是一种心理疾病，对拖延症的缓解收效甚微。

"你在看什么？拿来我看看……《拖延症心理学》？"前台薇薇抢过我手上的书，翻了两页，"原来你喜欢心理学啊，我以前还不知道呢。"

我可不希望别人知道我有拖延症，只好接着薇薇的话往下说："谈不上喜欢，就是瞎看看。"

薇薇合上书说："哦，我以为你对心理学感兴趣呢！我还想邀请你跟我一起去港大听讲座呢！"薇薇说完准备转身离开。

"薇薇，你等等，你说什么讲座？"我其实非常想去看看。

"哦，没什么。我朋友在港大工作，她说最近她们学校从美国回来了一个心理学教授，这周末有个讲座，还给我了两张入场票。你也知道啦，我那个男朋友是个俗人，他怎么可能跟我去听讲座，所以我还在考虑去不去呢。"薇薇突然眼睛亮起来，拉着我说，"如果你去，那我就。你不去我可能也不想去了。"

我赶紧说："去啊，干嘛不去？听完我请你打边炉。"

"这么热的天，谁要跟你打边炉啊。港大附近有家艇仔粥可好吃了，请我吃粥好了……哈哈，就这么定了哦，我等下 MSN 与你定碰面时间地点……"薇薇挥挥手走了。

从阶梯教室出来，我一直在回味老师刚刚说的话："在时间面前，欧洲人很富有。对时间的应用，反映了一个人的价值取舍。我们的收入、礼仪、着装以及购物品位都越来越和欧洲人一致。可面对时间的应用，我们还是'穷人'心理。我们总希望抢在时间前头去完成所有的事情，总怕耽误，总怕错漏，总匆忙地吃快餐。"

我仔细想了想自己，这不正是说自己吗？总是想赶着把工作做完而忽略了自己真正需要的。更多的时候我只是在埋怨自己在工作上的拖延症，却忽略了自己在人生规划上的拖延症。

"你想什么呢？这么入神？"薇薇把菜单推到我面前，让我点餐。

"哦，没什么，我只是觉得这个教授讲得可真好啊！"我笑了笑。

"是啊。怎么样，这顿艇仔粥不冤吧……"薇薇得意地看着我。

"不冤不冤，你就是点十煲也不冤。"我被薇薇的表情给逗乐了。

"两位小姐，不好意思，这位客人可不可以和你们拼桌啊？店里小，没有位置了。"店家走到我和薇薇面前，轻声地询问。

我环顾了一周，店里早就坐满了人，来香港这么久，我也很习惯跟别人拼桌了。"可以啊！"我顺着老板的眼神望去，哎呀，这不是刚刚讲座的教授吗？薇薇比我早看见教授，已经站起来伸手跟教授握手了，简单地自我介绍起来。

"你们刚刚都听了我的讲座？"教授坐了下来。

我用余光打量了教授一下，木质黑框眼镜非常新潮，五官立体，透着混血儿的气质。浅灰色的衬衣没有系领带，休闲裤休闲皮鞋质感非常不错，一眼望过去猜不透年纪。

三人在这家小小的粥店聊得不亦乐乎，店外的香港街头，华灯初上，人潮涌动。每个人都匆匆忙忙地赶往目的地，他们或许和曾经的我一样，每天经过的街道也因此显得莫名的陌生。

我向教授表达自己在美国进修心理学的一些状况，教授说："这种想法很好啊，你为什么想学心理学呢？"

我又回忆起自己的那个噩梦，我说："就像你在课堂上说的，我们面对时间的时候，总是去追求一些我们下意识想要追求的东西。而意识常常不知不觉就被社会大众的价值观牵引走了。譬如大家明明心里想着要努力工作，攒钱攒时间去旅行，结果却总是只剩下盲目工作这个部分，把最后的目标忘掉了。因为不工作，在别人看来就是形同自杀，于是自己也下意识认为自己不能不工作，最后只好委屈自己，那就干脆不旅行好了。"

我接着说:"我不希望做这样的一个人,我希望自己活在当下,也就是现实里,而不是意识中。我希望能坚持自己的大方向,而不是为了达到一个个散落的小目标而盲目地工作。"

教授点点头,非常认同,接着说:"很多人其实并没有自己的人生方向,或者说是目标,他们觉得目标是个很虚的东西,有了也是这样过,没有也同样可以过,没有目标反而活得更轻松。没有目标,就不要为了买房子过好日子去攒钱,钱赚了就是留着花的,所以很多人就是赚一分花一分,甚至有的是赚一分花两分。他们觉得目标对他们来说是一个束缚,目标让他们觉得生活有压力。他们习惯于在没有任何压力的情况下,赚多少吃多少,什么事情发生之后再去想法解决。他们还认为目标是定给别人看的,自己如果有那个能力到达一定的高度,即使没有目标,也一定可以到达,何必要多此一举呢。没有了目标就没有负担,就不会因为目标没有达到而伤心难过,得过且过就是这么来的。我们确实应该回到现实,坚持自己内心真正的自己,而不是那个意识里想要成为的自己。意识里的自己,往往不过是你看到的成功者的一个投影罢了,别人的成功或许根本不适合自己。"

我幡然醒悟,自己那些没有目标的忙忙碌碌完全就只是为了完成工作,换取五斗米。就算有些小目标,也不过是为了获得一些物质上的收获,于自己的人生似乎并没有多大帮助。我庆幸自己此刻想明白了这些道理,决定不再迷失,而是要做一个坚持自己的人。

怡彤老师说

　　面对忙忙碌碌的职场生活，我们需要做的事情很多，但是我们可以选择我们的生活态度，通过主动、乐观去改变被动、消极，迎接我们生活中的正能量，用正能量去破解一切生活、工作难题。很多人自以为得到的幸福是真正的吗？我们来看这样一组镜头：

　　镜头一：

　　女友 A 是个典型的职业女性，最近上司找她谈话有意为她升职。但随之而来的是更大的工作密度和压力。而她结婚两年多，一直准备要孩子，可是总是"忙忙忙"。到底是要事业还是要孩子，正在纠结。

　　女友 B 是个快乐单身族，黄金剩女，虽然单身却不乏追求，刚刚跟 x 号男友从巴黎度假回来，在给大家讲巴黎女人的品质生活。

　　女友 C 是全职太太，刚刚生完孩子，辞职在家相夫教子一年多。朋友们谈论的工作和旅行的话题显然都离她很遥远了，她没有新鲜话题可以跟朋友们分享。于是，她只好拿出手机，给朋友们秀自己宝宝的照片。宝宝长得白白胖胖，大眼睛小嘴巴，朋友们赞不绝口。

　　聚会临终，女友 C 的电话不断响起，对方传来稚嫩的声音："妈妈，回来。"女友 C 坐不住了，提前结束了聚会。

　　女友 A 被老公接走。女友 B 则在想接下来跟哪个男友约会。

镜头二：

女友 A 坐在车上，对老公说："小 C 家的宝宝好可爱，我多想生一个那么漂亮的宝宝啊！她可真是个幸福的妈妈。小 B 刚刚跟男友度假回来，唉，我都已经多长时间没有好好休过假期了。我真羡慕她，太幸福了。"

镜头三：

女友 C 回到家里抱着宝宝对老公感慨："我在家里这么久，跟朋友们都没有话题了，没有自己的事业，也没有自己的空间。小 A 又要升职了，她可真是个女强人。小 B 一有假期就可以海外度假，我却连这个城市都出不去。老公，她们真幸福，我好可怜呀。"

镜头四：

女友 B 打了一圈电话，没有约到男伴，孤独地一个人回家。"我多想这个房间里有个爱我的男人牵挂着我，接我回家，有可爱的宝宝让我牵挂。那有多踏实多幸福呀。"她对着清冷的台灯自言自语。

镜头是我们观察这个世界的第三只眼睛，如果故事中的三个女主人公都能走到镜头前，看看另外两个镜头里，自己在朋友的眼中是个多么幸福的人，或许她们会更幸福更快乐。

假面 1：别人都比自己幸福

在很多人的眼中，上帝从来都是不公平的。上帝没有给自己美丽的容颜，没有给自己魔鬼般的身材，没有安排"高富帅"以及"白富美"与自己相遇，而且偏偏身边就是有这样的幸运儿，什么都有，相比之下，自己是多么的不幸。所以我们生活中经常会出现这样的对话：

"你看你多好，工作清闲，没有压力，时间充足还可以享受天伦之乐。"

"好什么好呀，我有什么好的？上班无所事事地在那儿等着到点下班，回家就是柴米油盐酱醋茶。工资低，想买什么都得算计，哪儿有你好，公司好待遇高，想要什么就可以买什么……"

总是去羡慕别人，觉得别人都比自己幸福，越是比较越是悲观，越觉得自己是不幸福的。事实上，这是人的一种无主体感的表现。

每个人的存在都有自己的价值，每个人都应该认识到，自己是自己的主人。可是，通常情况下，我们意识不到这一点。当遇到一些事情发生时，不是把责任的矛头指向自己，而是指向外界：你看我就是这么不幸的，为什么这种倒霉的事不会发生在别人身上。于是，迷失了自我，看不到自己的价值，而去盲目地羡慕别人。

假面 2：别人得到的我总是得不到

人都是有欲望的，而且欲望是无止境的。拥有一件东西之后，又会渴望得到第二件。如果未能得到就会心存遗憾，继而备加关注。但是在生活中，总有一些东西是别人有而自己没有的，这个时候，我们就会不由自主地去关注自己没有得到的东西而忽略了自己拥有的恰恰也是别人没有得到的东西。

就是这样，对欲望的渴求让大家彼此羡慕，甚至暗暗抱怨，消极地认为别人都比自己幸福。

有一个原理叫信息不对称，这个原理引用到心理学，是指我们无法全面地掌握别人的信息，而只知道自己的一些东西，这样便没办法通过科学的比较得出结论。

我们都很了解自己为了得到现在拥有的东西付出过怎样的努力，但别人付出的努力，我们不可能完全了解。因此，在我们看来，别人得到的东西都轻而易举，而自己却要这么艰难，这不是自己的不幸是什么？

殊不知，被你羡慕的人也正这么想。你得到的东西那么容易，自己想得到为什么如此艰难。如果大家跳出自己的视野就能了解事情真相，那在自己抱怨沮丧的时候，不如跳到镜头后面，用第三只眼看一看别人的幸福，你就会有新的发现。

如果我们想改变这样的心理状态，如何做呢？

1. 接纳自己

网络上有一句话很流行：不懂得爱自己，就不懂得去爱别人。一个人只有懂得爱自己，对自己负责，才可能去爱别人、体谅别人，理解别人的艰难和不易。而不懂得去爱的人，永远看不到别人的痛苦，永远觉得别人比自己过得好。更甚者有时会嫉妒别人，看到别人快乐，心理上就会产生不平衡。

要想自己幸福快乐，首先要接纳自己。接纳自己是一种自信，清楚自己哪里好，哪里不好，坦然面对，然后努力改变，幸福生活就是这样创造出来的。没有充足的自信心去接纳自己的人，看不清自己有什么，没有什么，就像没有动力的风筝，只能跟随着风漫天飘荡，没有自己的方向和目标。看不清真实的自我，无休止的不满足感和烦恼便纷至沓来。因为如果不能很好地接纳和肯定自己，看到的都是自己不理想的地方，于是就用自己的缺点与别人的优点相比，这样的结果怎么可能令人愉快呢？

2. 多给他人正面能量

如果你羡慕就发自真心地赞美，并给予祝福。如果你同情就发自内心地去帮助，并给予鼓励。培根说："欣赏者心中有朝霞、露珠和常年盛开的花朵；漠视者冰结心城，四海枯竭，丛山荒芜。"

身边的朋友、同事，当她们拥有了你不曾拥有的东西时，去表达自己的羡慕，提醒她珍惜自己的拥有。如果身边的朋友、同事，当他们同样向你表示自己的羡慕，并为自己不曾拥有的东西感慨、焦灼甚至苦闷时，去给予鼓励，告诉他自己拥有这些付出了多少艰辛，如果他努力，同样会拥有，给别人平衡和希望。

沙漏，让沙一粒一粒落下

　　桌上一个沙漏，背着阳光，我看到沙漏里的沙子一粒一粒往下落，渐渐堆成小山，没一会儿沙漏就漏光了。我拿起沙漏使劲摇晃了几下，又把沙漏翻过来重新放在桌子上，沙漏依旧和刚才一样，一粒一粒的沙子落下去，慢慢垒成小山。

　　我对着电脑下面的一堆便利贴，愁上心头。我想：要是这些便利贴上的工作也能像沙漏里的沙子一样，流下去就永远不要再来打扰我了。

　　"你那个广告修改意见什么时候能交？"老王有些着急了。

　　"我手上的这个策划还要修改，要不我明天上午交吧？"我心里很烦躁，怎么会有这么多事等自己来做啊？

　　"明天？明天十五号，你忘了？我们要去电子展会看场地，总公司的人十六号就到香港啦！"老王惊讶地看着我，似乎在想：这个小

姑娘在想什么呢？这时候还在犯迷糊。

"那我今天加班吧！"我无奈地说，其实我已经非常累了，昨天加班到晚上十点多，本来打算今天晚上早点回家睡个美容觉的，现在看来又泡汤了。

老王刚离开，MSN 就弹出了凯莉的召唤。

"亲，能帮个忙吗？"凯莉发了好几个作揖的表情。

我有气无力地在键盘上敲下："什么事啊？我在忙着呢，好多事没做完！"

凯莉还是没有放过我："我有个文件急着修改，你知道的，我对文字内容不敏感，要不老师您帮我指点指点？"

我真的很想说不，可是我知道，凯莉确实对文字不敏感，如果不帮她，她很可能满篇错别字。我看看自己手上的工作，我真不知道该怎么挤出时间来帮凯莉改文件。

我很无奈："你要得急不急啊？我手上好几件事没有做完呢。"

"当然急呀，下班前就要交给老王，不然我也不会着急找你帮我改了。要不这样吧，你有没有什么工作我能做的？我跟你换？"凯莉明显不想放弃。

我看了看自己的工作安排，确定没有能和凯莉交换的工作。

我内心挣扎了一下："没事，你发过来吧，我边写广告修改意见，边帮你修改，争取下班前，这两样都做好。"

我一会儿看看广告商给的宣传册子，一会儿看看凯莉的文件。桌上的沙漏早就漏完了沙子，一动不动地蹲在键盘旁边，可我没有时间搭理它。

离下班还有半个小时，凯莉的头像闪动个不停，我只好不耐烦地点开。

"你改好了没有啊？老王在问我了！"

我回："老王问什么？"

凯莉说："他问我是否确定今天能交。"

我仰起头，转了转脖子，一脸疲惫。这才注意到现在离下班只有半个小时了。我发扬一个篱笆三根桩，一个好汉三个帮的作风，专心地看凯莉的文件，没一会儿，我就将凯莉的文件改好了。快下班的时候，老王叫凯莉过去一趟。

"凯莉，这个文件怎么回事？这么多错别字。"老王指着电脑屏幕说，眼睛也没有看凯莉。

凯莉低着头，斜着眼看我。凯莉一脸窘态，只好低头求饶："老王，不好意思，我做得太匆忙了。要不这样，等下加班改好后发给你？"

老王也没有说话，点点头，示意凯莉回自己的座位上。

凯莉说："女神，你不能这样折磨我呀，我们上辈子肯定是冤家！"

我有些无奈，什么话也回答不了，默默地关掉了即时通话窗口。

我也不想发生这样的事，可是三心二意的，又那么紧急，自然容易出错。下班后，同事们都陆续离开了，办公室只剩下凯莉和我。没过多久，凯莉的事也忙完了，来到我旁边的座位坐下，要等我一起下班，可双方都有点尴尬。

凯莉看见我桌上有个可爱的沙漏，便拿起来在手里摆弄着。我心烦意乱地对凯莉说："哎呀，你不要动来动去打乱我思路好不好。"

我回过神，看着满屏幕的文件。在学校的时候，我就养成了这样的坏习惯，看一会儿语文，看一会儿数学。这样的学习方法其实还是不错的，不断地切换不同的科目，能保证自己不对课本失去兴趣。

可这样的习惯用在工作中却不灵光了，于是我强迫自己每完成一件事再做另一件事，尽量避免同时进行两件或更多件事。就像沙漏一样，让沙子一粒一粒地通过细长的闸口，如果每粒沙都挤着要在同一时间通过闸口。沙漏肯定办不到。

怡彤老师说

工作中难免会遇到事情很多的时候，仿佛每件事都要在同一时间完成，职场新人会觉得自己分身乏术。领导又在追问工作进度了，可是你还是只能敷衍几句，因为工作进度实在羞于示人。长此以往，只会让领导认为你是一个执行力差的人。

分工，是人类社会的重要发明，也是人类的重要进步。大至企业小至家庭，成员之间都有明确的分工，以确保各种事情得以顺利完成。分工明确是职场的生命线，不要以为自己是钢铁侠，可以同时拯救多个人。当然，相互帮忙是团结精神的体现，也是揽活心态的一种原因。但是，揽活必须是在力所能及的基础上才能进行，不然会导致"心有余而力不足"的状况。

如何合理安排自己的工作，让自己的工作有条不紊呢？美国管理学者彼得·德鲁克（P·F·Drucker）认为，有效的时间管理主要是记录自己的时间，认清时间耗在什么地方；管理自己的时间，设法减少非生产性工作的时间；集中自己的时间，由零星而集中，成为连续性的时间段。

我在多年的工作中已经养成了几个习惯，与大家分享一下：

第一，凡事要做计划

关于计划，有日计划、周计划、月计划、季度计划、年度计划。时间管理的重点是待办单、日计划、周计划、月计划。

待办单	将你每日要做的工作事先列出一份清单，排出优先次序，确认完成时间，以突出工作重点。要避免遗忘就要避免半途而废，尽可能做到今日事今日毕
待办单内容	非日常工作、特殊事项、行动计划中的工作、昨日未完成的事项等
待办单注意事项	每天在固定时间制定待办单（一上班就做），并且只制定一张待办单，完成一项工作划掉一项，待办单要为应付紧急情况留出时间，最关键的一项是要每天坚持；每年年末做出下一年度工作规划；每季季末做出下季末工作规划；每月月末作出下月工作计划；每周周末做出下周工作计划

第二，区分事情的轻重缓急

著名管理学家科维提出了一个时间管理的理论，把工作按照重要和紧急两个不同的角度进行划分，基本上可以分为四个"象限"：

既紧急又重要（如人事危机、客户投诉、即将到期的任务、财务危机等）

重要但不紧急（如建立人际关系、新的机会、人员培训、制订防范措施等）

紧急但不重要（如来访电话、不速之客、行政检查、主管部门会议等）

既不紧急也不重要（如客套的闲谈、无聊的信件、个人的爱好等）

　　时间管理理论的一个重要观点是应有重点地把主要的精力和时间集中地放在处理那些重要但不紧急的工作上，这样可以做到未雨绸缪，防患于未然。在日常工作中，人们很多时候有机会去很好地计划和完成一件事，但常常却又没有及时去做。随着时间的推移，造成工作质量的下降。因此，把主要的精力有重点地放在重要但不紧急这个"象限"的事务上是必要的。要把精力主要放在重要但不紧急的事务处理上，需要很好地安排时间。一个好的方法是建立预约。建立了预约，自己的时间才不会被别人占据，从而有效地开展工作。

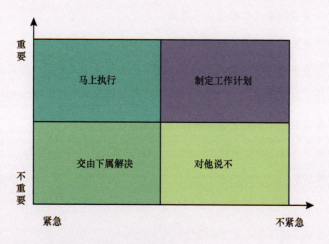

如何区别重要与不重要的事情？

1. 会影响群体利益的事情为重要的事情；

2. 上级关注的事情为重要的事情；

3. 会影响绩效考核的事情为重要的事情；

4. 对组织和个人而言价值重大的事情为重要事情（价值重大包括

金额和性质两方面）。

该时间管理方法常常由下图表示：

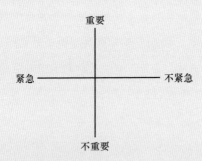

1. 重要和紧急的事情立即就做；

2. 不重要不紧急的事情不做；

3. 重要但不紧急的事情平时多做（因为这是第二象限，常常被称为第二象限工作法）；

4. 紧急但不重要的事情选择做。

每一项新工作分配下来的时候，不要慌慌忙忙地着手开始，先理清楚工作思路，安排好合适的时间段，集中攻克。不要像我那样，同时进行好几项工作。我们都是凡人，只要不是认为自己有超人的智慧，就不要挑战自己的极限，有时候做个循规蹈矩的人也并不是什么坏事。更不要因为前一步遇到困难就想着跳过，正面迎接才是积极的职场心理。

请记住：工作期限永远都设在上司安排的时间期限之前，不要等上司问起了才开始做，因为只要去做，永远不晚。

第 7 章

职场要成功，更要成长

无意识惹的祸

总公司的大 Boss 离开香港没几天，彭佳的升职通知就下来了，彭佳出任行政部副总监。虽然仍然是副职，但是行政部以后不用再向陈力生报告了，直接向贾斯汀报告。

"你有没有觉得陈力生把基本工资降低带来的影响很不好呀？"人力资源部经理付江龙低声对我说道。

付江龙差不多四十岁了，他原本也算是个难能可贵的人才，三十出头就做到某分公司人力资源部副经理，可是不知道什么原因，却一直在副经理一职上干了七八年，要不是调到香港分公司做经理，还不知道要在副经理的位置上熬多久。大家背地里都叫付江龙是"付经理"，其实是讽刺他是"副经理"。

我对付江龙的印象极为深刻。有一次部门内部开会，付江龙迟到了，周围远离陈力生的座位都被坐了，只剩下我旁边靠近陈力生的地方有一个位置，付江龙也只好硬着头皮坐了下来。

"这次裁员计划公司暂时还没有公开，你们最好把口给我封紧了。别把我们自己搞被动了！"这是陈力生的开场白。

"又来这套，我们就是汉堡包中间的肉饼……"付江龙小声嘀咕。付江龙的这种嘀咕非常有意思，声音大小刚好是周围两三个人能听见的程度，我惊讶地瞄了一眼付江龙。

陈力生脸上蒙上了一层冷冰冰的愤怒，问付江龙道："付经理，你有什么意见吗？"

付江龙赶紧说："啊？什么？……没，没意见啊……"

"没意见，就认真听我讲，有意见就上来讲。"陈力生瞪了他一眼，又接着讲："这里有一份上面发下来的裁员要求，你们传阅一下，只需要心中有数就可以了，这份文件不可以复印。"

"人力资源部就是公司的杀人刀，公司指哪儿我们就要杀哪儿，一点都不代表员工利益……"付江龙又嘀咕起来，不过这次说话声明显要小了一些。陈力生估计也没有注意听，但是我倒是听得很清楚。我心里想，可能是付江龙讨厌陈力生吧，所以陈力生说一句他就要顶一句。

有了一次教训，我在开会时再没有挨着付江龙坐过。但是每次领导在上面讲话的时候，我有意无意地用眼神扫过付江龙的脸，总能看到他嘴巴一张一合在嘀咕什么。有时候并不是陈力生开会，也可以看到付江龙在小声嘀咕。我这才明白，他并不是针对陈力生，他完全就是有这个习惯。他这种行为习惯并不是针对某一个人，而是针对某一类人。只要面对权威的上司，他都会有这样的表现，这让他的人际关系非常糟糕。

我想起自己小学的时候，成绩不是班上最拔尖的，所以并不受特别的关注。每次老师提问的时候，我即使知道答案，也羞于举手，但是我会在下面小声嘀咕答案。我那时候是非常渴望得到老师关注的，但是我又很害羞，所以只好用这种办法，企图老师听到自己的答案之后赞扬自己。但是长大以后我才知道，小声嘀咕，即使自己答对了，老师也不会知道。而且往往因为扰乱了课堂秩序引起老师的反感，初中之后我才开始慢慢改掉这种习惯。

"你听见没有？"付江龙把我拉回现实。

我说："哦，听见了。"

付江龙问："那你觉得陈力生这样做好不好？"

我看了看付江龙，最后我还是决定说出对付江龙的一些看法："付经理，你是一个在人力资源岗位上工作了十几年的老员工。你说的意见肯定是基于你丰富的经验，我还是一个年轻人，不评价谁是谁非。但是我觉得，如果你能把你的意见当面告诉陈力生，肯定比私底下偷偷告诉我好很多……"

付江龙还没有听完就打断了我的话："对，我知道我应该去提意见，可是陈力生那个人你又不是不知道，他哪里听得进去别人的意见啊……"付江龙越说越小声，边嘀咕边走开了。我看着他摇了摇头，叹了口气，在心里想：失败的是人，肯定不是事。

　　我看着付江龙离去的背影，感慨万千。付江龙在公司没什么朋友，他不清楚自己的行为习惯给人际关系带来多大的影响，大家在开会的时候都不愿意挨着他坐，就是因为怕领导误会是邻座的人在和他讨论，怕受他牵连。同事们私底下都防着付江龙，以免受到付江龙攻击上司、评价上司等行为的牵连。大家都明白，付江龙在上司的眼里，就是一个不折不扣的刁民，仗着自己有几分才干就顶撞上司，难怪他一直是"付经理"。

　　我并没有多余的精力去管付江龙，我埋头继续在自己的方案里。之前分公司的工资组合是照着总公司的规矩照搬的，实践后才发现并不适合香港分公司，所以分公司决定改变员工的工资组合，以便能更好地激励员工。

怡彤老师说

　　付江龙无意识的情绪和习惯是导致其人际关系紧张的直接原因。其实，付江龙是个能力强、工作经验丰富的职工，如果不是因为他这个坏习惯，说不定早就是陈力生"第二"了。

　　那什么是无意识和职场无意识呢？

　　我用心理学原理介绍一下。我们认为，无意识就是个体没有意识的心理过程、心理活动和心理状态的总和。简单地说，无意识是"未被意识到"的意识，如无意感知、无意记忆、无意表象、无意想象、无意注意、非口语思维和无意体验等。

职场无意识是指由职场的外部环境自动诱导员工个体做出某种特定的行为的过程，并且这种自动诱导的过程无法被个体所内省。职场无意识具有自发性、隐蔽性、非逻辑性和稳定性特点。

我曾用心理学原理找到导致付江龙行为模式的答案，职场中的人际关系正是儿童时期家庭关系的缩影。童年时期，父母总喜欢在孩子面前树立起一种权威形象，孩子长期生活在这种环境中，无形中便会对权威的父母产生一种抗拒的、逃避的无意识习惯，成年后便会无意识地把童年对父母的感情转移到同事和领导身上。

我知道，付江龙这个坏毛病其实是无意识惹的祸。在职场，上司代表一种权威、指导性的身份，就像家庭中的家长的身份。付江龙在工作中将无意识的情感习惯投射到领导身上，对领导产生一种抗拒、不服从的心理无意识，产生了一些不良的行为，从而导致人际关系紧张的局面。

付江龙之所以会产生这种无意识的心理，原因非常多。导致无意识心理的原因，我总结如下：

1. 认知严重偏差：非黑即白

众所周知，我们每个人在儿童早期成长过程中便形成一套内在的、稳定的价值评价系统。当我们面对外界的事物时，评价系统便会自动地、无意识地做出评价的过程。如果主体活动的结果满足了主体潜在的需要，符合无意识的价值标准，主体内心可能达到某种满意的愉悦；反之，如果主体活动的结果不符合意识的价值标准，主体内心可能出现某种不快甚至忧虑。

正是通过这种不可名状的愉悦和忧虑实现无意识的评价，并在此基础上影响下一活动的有意识和无意识选择，导致认知出现偏差，判断标准是非黑即白。无意识的评价功能无形中影响了员工的价值判断，当职场出现不符合无意识的价值标准时，会产生抱怨、焦虑、工作消极的冲突行为。

2. 工作思维方式、行为习惯固定

由于无意识不受自觉的理性控制，缺乏目的性，也不受情感、意志等心理因素的干扰，一旦形成某种无意识状态，便具有一定的惯性，不像自觉的意识那样容易发生变化，因此，无意识比意识要稳定、持久得多，甚至抑制意识活动的变化。个体无意识具有稳定性，在个体长期的生活当中，形成了个体特有的、稳定的工作思维模式，行为习惯。当职场中常常面对的变化因素，与个体固有的模式产生不协调时，造成职场上的冲突行为，表现主要有顶撞上司、工作效率低、不愿接受某项工作等行为。

3. 无意识的非理性、非逻辑

无意识具有非理性、非逻辑性等特征，意识活动具有理性、逻辑性等特征。与意识活动相反，无意识不受自觉意识的理性逻辑规律的制约，超越于逻辑思维结构之外，是无固定秩序和操作步骤的心理形式。无意识没有固定的反映对象，也没有明确的目的，它甚至不需要语言，因此它既不受具体对象的约束，也不为人的目的所控制。

缺乏意识的人如果想尝试控制改变这种行为习惯，会发现难以改变。改变某种无意识习惯不单要关注某些行为模式的改变，更要关注个人的内隐的无意识层面转化。

　　我再介绍一下职场无意识冲突管理的改变方法。长期以来，防范职场冲突方式大多注重于客观因素和外在因素，而忽略人的心理因素，常常觉把问题表面化、简单化，而忽略的个人无意识层面的影响。无意识是主体意识不到的、不自觉的，主体无法把握和控制它。所以，改变员工的无意识行为习惯，没有直接的、有效的途径，只有靠主体长期修养才能逐步实现。

1. 树立心理防范观念，营造自我调节心理

　　职场人士应逐步树立职场无意识冲突防范观念，要经常从个体的无意识心理这一独特的角度分析职场中冲突的行为原因，自觉把握职场冲突行为和人的心理之间的内在联系，矫正自我心态上的偏差，稳定心态、理顺情绪、调节失衡心理、把握和控制自己的情绪，培养自我良好的职业素质和爱岗敬业的精神。只有先从个人意识层面上改变某些无意识思维模式，才能改变某种可能会导致职场冲突的行为习惯。

2. 实施正确培训，培养员工良好的职业素养

　　通过引进相关的员工培训项目，进行心理教育，塑造积极、愉快的心态。心态调适和训练的方向就是心态积极、平衡，保持愉快的心境。通过学习心理知识，调整、改变和驾驭自己的心态，避开心理误区，以积极的心态应对人生的一切艰难险阻，激发人的上进心和责任感，增强个人的自控意识，真正做到防患于未然，从而改变人生的现状，创造崭新的生活。

3. 加强企业文化建设，塑造健康文明职业心理

　　管理者要抓好企业的文化建设，通过企业环境、氛围潜移默化地

影响员工的人生观、价值观、审美观和行为方式。众所周知，环境对人的影响是潜移默化的。良好的环境有助于形成企业内部的正确舆论和内聚力；有助于提高人感受美、鉴赏美、评价美的能力；能够促进人的身心健康发展；能够约束人的言行，使之变得规范。通过加强企业文化建设，启发和引导员工去实现自身的社会价值，激发员工的集体归属感、自尊感、荣誉感，激励奋发向上、有所建树的事业心和敬业精神，营造积极向上的心理环境。

播种快乐的职场种子

"周末舞会、环岛单车比赛、野外拓展训练……又是这些老生常谈，你们就不能提出点新意来么？"中环的喧嚣被玻璃挡在窗外，陈力生和人力资源部的同事们在会议室里商讨一些工作事宜。

原来这是上面下达的新任务，针对销售部制定一个新的培训计划，旨在减少销售部门员工的压力。陈力生把任务分下来，让每人出一个方案，最后择优而定，但是从目前的情况来看，陈力生还没有看上任何一个方案。

"付江龙，说说你的建议？"看到付江龙的躁动，陈力生索性先问他。

"嗯……关于减压的方案我们以前做过很多，无非是让员工快乐的工作嘛，快乐工作……快乐工作，可以多组织一点文娱表演、拓展训练，如果大家觉得不够有新意，那就多发掘新鲜一点的活动内容！"

说完之后，付江龙偷偷扫了一眼陈力生，而陈力生则面无表情。

"你说说看！"陈力生翻着我的方案，表现出期待的眼神。

我说："我认为，快乐工作、减少工作压力，组织各种活动真的不失为好方法。可是，我们已经组织过各式各样的活动，想要在活动内容上有所创新，还是比较困难，我们不妨试一试从方向上做一个改变。组织活动固然是好，可是活动一结束，回归到工作中，该有压力的还是有压力，该有倦怠的还是倦怠。所以，组织活动并不能解决根本问题，如果能想出办法让员工在工作中真正找到快乐的感觉，那就太好了！"

陈力生点点头："我知道你们的意思，是不是觉得快乐和工作无法共融？快乐的时候快乐，工作的时候工作本来就符合常规，但我确实是想做一个能把工作和快乐联系在一起的培训。散会，你们下去仔细琢磨一下吧。"

散会之后，我一直在琢磨，怎么样把工作和快乐联系在一起。工作中的不快乐来自于工作压力，压力减少又会失去有效动力，能不能在压力和动力之间找到有效平衡点？或者，我们可以在团队中让大家找到快乐工作的理由？刚想到这，陈力生突然从后面追上来，"你

在大方向上是正确的，再好好想想组织娱乐活动和工作的区别，可以引入一些正能量的内容。"说完，陈力生大步回到自己办公室。

我恍然大悟，在娱乐活动中，同事们因没有工作压力的束缚，会在活动中激发出自我的兴奋感。当回到工作中，这种娱乐过程中的兴奋感迅速消失，甚至还带着活动后的疲倦回到工作中，工作压力反而骤然增大。如果能把兴奋感的种子种植到大家心里，并在积极的团队氛围中发芽、成长，快乐就有可能长久地保持在工作中，这不就可以实现"快乐无压力工作"吗？

我获得了工作灵感，打开电脑，把片刻间形成的思路制定成一系列的培训方案。同时，整个方案在执行的过程中拥有一个强力团队的支持，陈力生以及公司高层都很满意并配合我的方案，培训工作得到紧锣密鼓地展开。

付出往往与收获成正比，培训效果非常令人满意。以前，销售部的同事总是埋怨休息时间不够，睡眠不好，工作中总是焦虑、慌乱。通过"心流感"减压培训之后，这些问题都得到了一定缓解。

怡彤老师说

在日益华美精致的外表下，越来越多的现代人掩饰不住内心的迷离委顿，开始出现"烦"、"没劲"、"懒得管"等都市口头禅，很多人更是将精力和热情全部付诸网络的虚拟空间或者迷情酒吧，于是"低头族""宅男宅女"不断出现。其实，这玩家背后都是无所归依的落窦与恐惧。

我们追逐物质的快感，但却感觉精神失落。我们不愿回忆过去，更不敢憧憬未来。工作压力始终挥之不去，只有愈来愈深的迷惘……我们如果往下深深思索，可能越来越害怕，害怕有一天自己也会在"物质"中迷失，人要想尽办法去减少心理压力，让自己在工作中也可以得到精神的快感。

有些人的工作压力来自于工作情况复杂多变，没有一成不变的工作模式，时刻要面对来自各方面的挑战。具体来说，外在的高水平挑战和个体的高技能水平相结合时会使个体产生心流（Flow）体验；外在的低挑战水平和个体的低技能水平相结合时则会出现冷漠（Apathy）体验；外在低挑战水平和个体的高技能水平相结合时会感到厌烦（Boredom）；外在的高挑战水平和个体的低技能水平相结合时会产生焦虑（Anxiety）。可见，高挑战和高技能匹配，才能出现心流感。

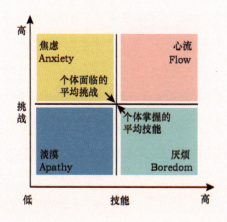

积极心理学的研究发现，压力不是一个单纯的消极变量，当工作

挑战难度和所掌握的技能产生平衡的时候，压力是促进工作的积极变量，也就是我们说的动力。当挑战与技能发生失衡——挑战性太高，技能达不到，才会产生恐惧、厌恶、冷漠、焦虑、妒忌、慌乱等一些消极体验，就是我们说的因压力而产生的负面情绪。

在不断探索的过程中，我发现，一种类似于马斯洛"高峰体验"的"心流感"，也就是心流体验，能够解决"让员工快乐工作"的问题。这一理念是由著名积极心理学家齐克森米哈利提出来的。作为一种最佳体验，在工作中，心流感至少具备以下五方面的特征：

- 具有挑战性，技能水平相平衡；

- 高度投入，忘我和忘却时间；

- 目标明确；

- 即时反馈；

- 可控感强。

我们发现，心流体验的产生有利于激发内在动力、调动积极情绪、提高个体的愉悦感和满足感，有利于个体自我实现，是实现目标的有效动力。

快乐是很重要的积极情绪，它能形成一股巨大的力量，促进员工全身心投入工作，产生对工作的热爱，把企业意志转化为员工自觉的行动。积极心理学有一个重大的发现，如果人们的思维在一半时间里都是游离的，这将会导致情绪低落，工作中走神除了会降低生产力以外，更会让员工感受到不快乐，压力感增强。要获得心流感，必须要投入。高度投入代表了忘记时间（时间体验失真）和忘我（忘记饥饿、疲劳感，自我主体淡化，工作一体感强）；低度投入代表了时间感明显（总希望尽快下班，脱离工作场合）和容易产生疲劳、焦虑、工作抽离的感受。

现在的都市人，"压力＋焦虑"是大家最能产生共鸣的心理经验。压力产生焦虑，焦虑又刺激压力。"压力＋焦虑"充斥着现代社会的各个角落，职场则是"压力＋焦虑"的爆发场。

怎样才能在工作中获得幸福感呢？每个人进入职场的目的不同，有人在职场中可以获得生活所需的收入，也可以获得足够的尊重，甚至还可以成就事业，这都是幸福的体现。幸福是企业员工所需要的，也是企业想看到的，想获得心流需要我们反复练习。快乐工作是获得幸福感的主要前提，以下是快乐工作的一些必需条件：

- 选择你喜欢的工作；

- 选择一项重要的工作；

- 找个安静的、你在最佳状态的时间；

- 排除干扰；

- 学会尽可能长时间的专注于这样的工作；

- 体验乐趣；

- 收获回报。

职场中的压力和焦虑主要来自哪些方面？并不是这个时代产生了焦虑，而是处在这个时代的人们对社会发展和变化缺乏思想准备和适应能力导致的。那么，面对焦虑与不安，我们可以做些什么呢？我建议通过有效行动，尽最大可能去把握那些对我们来说至关重要的东西。积极专注投入。积极心理学研究指出专注分为被动专注和主动专注。

例如，看精彩的球赛，这对观众而言是被动专注，也会产生心流感。而一个热爱看球赛的观众下场亲身体验比赛，这对观众而言是主动专注，所产生的心流比前者要大得多。在工作中增加员工心流感的比例，如给与员工对自己工作某些环节设计的主控权和意义感，让其寻找创新和学习的机会，建立能给自己带来活力的关系，当然适度的休息也是非常重要的。

站在成熟的心理边界

每个职场人或许在每个阶段都会陷入莫名其妙的"不爽"状态中，如何让自己能够保持稳定的情绪，我想很多人都想得到答案。

刚吃过午饭，我就被陈力生叫去跟一个刚提交了辞呈的员工做一番交流。我一到会议室，就觉得会议室的空气有些凝重。虽然此时会议室只有她和另外一个同事，可是我感觉都快呼吸不过来了。我刚刚翻开档案，还没有开口，对方就已经先说了："我知道你们的意思，我们部门的情况我也知道，你们现在一时半会儿要找个完全顶替我的人根本不可能，不过我去意已决，你们不用劝我了！"

对方开口闭口就是你们和我，我听到这两个界定关系的词就觉得难过。自己明明和对方一样不过是一个员工，可是同事们总是认为人力资源部的人就是老板的"帮凶"。

在企业中，人力资源部的员工与他人有着双重关系：一般同事关系以及人力资源管理者与人力资源的关系。双重关系的结果是任何一种关系都能对另一种产生影响，而进人力资源部第一天起，陈力生就强调要我避免这种情况的发生。说起来容易，却没人知道，这需要耗费大量的精力，甚至容易出现情感衰竭的情况。

长期耗费大量精力和人接触，很容易让我对人产生厌倦情绪，但这是由自己的工作性质决定的，我只能硬着头皮去做。然而，我对需要沟通的对象没有以前那么热情，冷冰冰的，于是又有了去人格化的倾向。

为了淡化情感，我把一些情谊藏起来，按照流程去应付整个沟通过程。这样做其实对于改变结果并没有多大的益处。可是我深知，人力资源管理的工作，很难做到有血有肉的同时又符合规范。在这种时候，人情往往抵不过规定，那也只好退而求其次地依照规定办事了。我有时候在想，自己简直就像一台机器，在给别人冷冰冰的感觉之外，也冻上了自己。

我发现人力资源部员工的成就感很多时候来源于其他人，如面试者的微笑、内训时学员的培训效果。而现在，坐在我对面的同事仿佛一个刺猬一样。我知道，自己说什么对方都已经想好了击败自己的方法，所以我在气势上就差了一大截。人力资源部员工服务对象表达的不满很容易让人力资源部员工产生挫败感，所以我时常觉得成就感不是掌握在自己手里，而是掌握在他人手里。

我觉得自己完全就是夹心饼干的馅儿，到哪儿都是被夹。其实，我希望自己能做的不只是帮助公司管理人力资源，还应该可以代表同事们取得员工应得的利益，自己应该是中间人的角色，而不应该是"馅儿"的角色。我低着头，看着自己的脚尖，心里像一团乱麻："自己是不是真的不适合做这个工作？也太不小心了吧，这点小事都做不好！"我越想越不对劲，长期锻炼出来的不服输、乐观的精神又一次帮助了我。

我意识到自己的这种情绪，对工作非常不利。我赶紧各方面搜集资料，疯狂补习，终于我明白了自己的问题。这也是大部分职场精英经常遇到的问题，特别是人力资源部的 HR 们常患的一种病：职业倦怠。

我发现学一些心理学对自己在人力资源部的工作很有帮助。人力资源工作，无非就是和人打交道。提到与人相关的知识，就不得不提心理学。心理学是研究人心理现象发生、发展和活动规律的一门科学。科学的心理学不仅对心理现象进行描述，更重要的是对心理现象进行说明，以揭示其发生发展的规律。如果具备了解人心理的能力，摸透员工的内心，在员工的接受范围和规定范围内取得平衡，那就完全不是问题啦。其实自己的职业倦怠本身也是自己的心理问题。如果掌握了心理学，自己也能为自己制定缓解和治疗职业倦怠的方法。

怡彤老师说

　　我多年后回望，很是庆幸自己能在当时做出正确的做法——攻读心理学课程。系统地学习心理学之后，我对人有更多了解，让我在日常生活中更好地完成工作。在具备了心理学的知识后我还可以对自己进行调适，在工作不顺时有效地找出更好的解决方法。学习心理学对我来讲是一举两得。

"职业倦怠症"又称"职业枯竭症"，它是一种由工作引发的心理枯竭现象，是上班族在工作重压之下感受到的身心俱疲、能量被耗尽的感觉。这种倦怠感和肉体的疲倦感不一样，它的形成是缘于主体心理的疲乏。加拿大著名心理大师克丽丝汀·马斯勒将职业倦怠症患者称之为"企业睡人"。

"职业倦怠"是一种由长期的、过度的压力导致的情绪、精神和身体的疲劳状态。工作中经常与人打交道的人群，最容易出现这种身心俱疲的状态。心理学研究发现，职业倦怠通常表现为以下三个方面：

1. 情感衰竭：对工作丧失热情，情绪烦躁、易怒，对前途感到无望，对周围的人、事物漠不关心，没有活力，总感觉自己处于极度疲劳的状态；

2. 去人格化：在自己和工作对象之间刻意保持一定的距离，对工作对象和环境采取冷漠、忽视的态度，对工作敷衍了事；

3. 低成就感：对自己工作的意义和价值评价下降，常常迟到早退，甚至开始打算跳槽或转行。

从战胜"职业倦怠症"我想起了一个词"延迟满足"，如果我们逆向思考这个话题，人就会远离倦怠。

一个人的成就有多大，跟他能在多大程度上推迟现有欲望的满足成正比。套用一句名言：成功的人大体都一样，不成功的人各有各的原因。

这个"一样"就是节制。人的天性里都有懒惰，但一旦有了目标，就必须要节制自己，不能偷懒。能够克服这种天性的人就能有所成就，这也是我们所谓的自律能力。每个人在通往成功的路上都会遇到困难、挫折，也会遇到各种诱惑，能够抵制诱惑，坚持到最后的人，就是成功的人。

而这种节制的能力是需要从小培养的，而且必须从小培养的。3岁前是培养孩子节制能力、自律能力的一个非常重要的时期，要培养这种能力就要从培养孩子的延迟满足开始，能做到延迟满足的孩子，就能慢慢地学做自己的主人，控制自己的行为，知道要用理智战胜情感。

所谓延迟满足，就是我们平常所说的"忍耐、节制"。为了追求更大的目标，获得更大的享受，克制自己的欲望，放弃眼前的诱惑。但"延迟满足"不是单纯地让孩子学会等待，也不是一味地压制他们的欲望，它是一种克服当前的困难情境而力求获得长远利益的能力。如果延迟满足能力发展不足，孩子容易性格急躁、缺乏耐心，进入青春期后，在社交中容易羞怯固执，遇到挫折容易心烦意乱，遇到压力就退缩不前或不知所措。

能不能够忍耐和长时间地等待，是孩子自制力强与弱的一种表现，因为生活中并非事事都遂人愿。

不会克制自己的欲望已经成为城市孩子的通病。本想和孩子"斗智斗勇"，却经不住孩子哭闹三分钟就败下阵来，乖乖满足孩子的要求。家长对于孩子这种有求必应的行为剥夺了孩子"自我控制能力"的锻炼机会。而"延迟满足"的训练可以帮孩子提高自我控制能力，学会等待、分享，更能抵抗挫折。

延迟满足能力强的儿童，未来更容易拥有较强的社会竞争力、较高的工作和学习效率；具有较强的自信心，能更好地应付生活中的挫折、压力和困难；在追求自己的目标时，更能抵制住即刻满足的诱惑，而实现长远的、更有价值的目标。

延迟满足能力的培养要循序渐进，从易控制的事做起。在长达十多年的观念传递之后，孩子就会把它内化为自身的一种素质。

对于职业倦怠的原因分析，心理学上还有个"心理舒适区"的说法，指的是一个人所表现的心理状态和习惯性的行为模式，人会在这种状态或模式中感到舒服、放松、稳定、能够掌控、很有安全感。这个区域一旦被打破，人们就会感到别扭、不舒服，或者不习惯。很多人稳定以后，一旦安于现状、不思进取，就会极易成为职业倦怠的一员。习惯已久的心理舒适区被打破了，本让他们游刃有余的职场，渐渐让他们感到了压力、疲倦、迷茫。改变吧，心有余而力不足；不变吧，又怕长江后浪推前浪，人就进入了进退两难的境地。

在职场中，有很多人对职业倦怠症往往故意视而不见，以为可以像感冒一样不治而愈。事实上，不找出真正原因，往往会让自己愈来愈不快乐，严重的话也许会陷入难以自拔的忧郁症中。要治疗职业倦怠症，可以有以下几种方法：

1. 职场上，主动跳出舒适区，进入学习区——吸收更多更新的资讯，重新梳理现有的职业资本，找到新的"起点"，找到更能施展实力的舞台，让个人资本继续发光发热。生活上，不妨把专注于工作上的视线拉回享受生活中，发展 1～2 个与工作毫不相干的兴趣与爱好，同样能给自身带来成就感与控制感的满足，弥补在工作中未能达成的一些内心需求。

2. 换个角度，进行多元思考，"塞翁失马，焉知非福"，在工作时可以这样要求自己。在做一件事之前，我们都会因为未来的结果而动力十足。当开始行动之后，我就会开始尝试改变想法，集中精力于手上的工作，这听起来有点奇怪，或很难，但不久之后，就变得越来越简单。转变你的思维，当你在执行的时候，才会不至于把才开始的过程就投射到未来的结局。

3. 制定重新成长计划，通过休假、运动等方式加强自身抵抗困难的能力。建立幽默感和人际关系网络，重新挖掘自身优点。

阳光更暖人

到人力资源部之后，我除了要应对招聘，更多的时候，我也要面对离职面谈。如果硬是要做一个比较的话，我更害怕离职面谈一些。离职面谈和招聘面谈不一样，后者大家都是陌生人，很多话说起来也就没那么难，可前者是熟人甚至可能是朋友，话题很难展开。

我知道，HR 做离职面谈的时候，最好的结果是挽留住宝贵的人才，即使留不住也要做到好聚好散。但是如果谈崩了，就不只是再见尴尬那么简单了。

我的成长对于陈力生来说是最大的骄傲，他准备让我单独做一次离职面谈，我显得十分紧张。

"你很紧张？"陈力生看出了我神态的变化。

"有一些，我怕自己处理不好。"我知道自己无法逃过职场精英的眼睛。

陈力生又问："交谈内容和方向你计划好了吗？拿来我给你看看，帮你把把关。"陈力生虽然平时很严肃，有时候甚至有些苛刻，可是作为一个领导和经验丰富的长辈，对我在工作上的帮助非常大。

陈力生很快看完我的计划，表情略显失望，"你觉得你列举的这些问题符合实际吗？"陈力生边说边拿起一支笔，在计划上打上几个叉，他接着往下说："如果 HR 只是在离职面谈的时候问'你为什么要离职？下一步你有什么打算？'那么离职员工连坦露心声的可能都没有，更别做梦人家会留下。"

俗话说，没做过离职面谈的 HR 不算 HR。作为 HR 工作的一个重要组成部分，离职面谈无论对拟离职员工还是企业来说，都有非同小可的价值。毕竟我是第一次独立完成这样的事情，陈力生对他这个得力干将还是充满耐心和信心的。

"离职面谈决定了离职员工对公司的印象，而企业可以通过离职面谈了解自己管理运营上的不足。但是，离职面谈却不是一项容易完成的差事，你随随便便在网上搜集的问题，是不足以应付那些职场老员工的。我这里有一份我以前做离职面谈的计划，你拿去理一理，再重新做个计划吧。"陈力生显然是有备而来，他在把事情交给我之前就已经做好最坏的打算了。

我拿着陈力生给的计划，仔细地研究了起来。首先，有什么方法可以让员工在离职面谈中感受到公司最后的阳光之余，公司又能从员工身上获取有用的改善管理的信息呢？我在陈力生的计划中看到了"峰终理论"这个词，没有任何字眼能逃过百度的眼睛，我赶紧打开网页，输入了关键词。

"峰终理论"的提出者认为，人们对于体验的记忆由两个因素决定：

体验高峰时的感觉和体验结束时的感觉。对于一项事物的体验，人们最能够记住的是其高峰时的体验和结束时的体验，而其余时刻的体验以及体验时间的长短，对于人们对这段体验的记忆都没有决定性的影响。

虽然我之前没有独立完成过离职面谈，但我拥有一颗勇敢的心，具有事前先认真思考、探索的习惯。我自信、坚强，勇敢与深思总是喜欢和决断为伍，我在得到陈力生的帮助后义无反顾。

马云说过，员工的离职原因很多，只有两点最真实，那就是钱和心，钱没给到位，心受委屈了。归根到底就是员工在企业干得不爽。其实，员工在临走前还费尽心思找个靠谱的理由，就是在给离职面谈者留面子，不想当面说公司管理有多烂，他已失望透顶。

了解了这些，我一下子就明白了，离职面谈就是员工在公司的"终点"。但离职面谈还是很至关重要的，如果员工在离职面谈时感受到了公司的尊重和诚意，那么员工就会带着对公司的美好回忆而离开。更有甚者，在离职面谈时还有可能提供一些真实的个人感受，为公司改善管理体系提供宝贵意见。

唐骏从盛大网络跳槽离开的时候，他对外界宣称："在盛大的 4 年我觉得很精彩，但我看未来的 4 年并非如此，所以我选择离开。"在唐骏离职的新闻发布会上，盛大网络对唐骏的重大贡献给予了高度评价。就这样，唐骏和盛大在和谐双赢的气氛下结束了彼此的关系，再见亦是朋友，何乐而不为呢？

我想明白了离职面谈的来龙去脉，摸清楚了其中的窍门。我的工作就是为了让离职者怀着善意离开，如果幸运的话还可以从离职员工那里为公司留下一笔宝贵财富。我不在束手无策，开始着手重新计划自己要面对的离职面谈。

首先，我把离职同事的一些基本情况做了重新了解。虽然之前也了解过，但都只是泛泛地翻阅了一下。这一次，我还私下和离职同事同一个部门的同事聊了聊，把离职同事平时的工作经历以及表现等都认真的了解了一遍。

原本我准备开门见山的直接询问离职同事离职的原因，然后在最后再问一些员工对于离职以后的打算的。但是经过陈力生的提醒之后，我决定放弃这个老旧的套路。我把离职员工的重要表现和突出成就都列了出来。我学会了峰终理论，所以我准备效仿盛大网络的陈天桥，先对离职同事给予高度的评价。

做好计划之后，我再一次拿去给陈力生看。陈力生看了之后虽然没有大加赞赏，但我从他的脸上看到了认同。最后，我做到了有备而来，依靠自己制定的计划完美完成了自己的第一次离职面谈。

怡彤老师说

离职是一个比较正常的社会现象，当你在公司感觉不到快乐时，你选择了离职；当你在公司得不到应有的回报时，你选择了离职；当你在公司得不到更好的发展机会时，你选择了离职。对于 HR 来说，离职是一个永恒的话题，陪离职员工走完在公司的最后一步是他们工作的主要内容。

员工离职的最大心理因素是什么？员工离职的主要原因是金钱和

心，更具体地表现在以下几个方面。在职场中，如果你即将离职，你是否有以下几个方面的原因呢？

第一，工资待遇低，不能满足员工的期望；

第二，工作环境、人文环境让员工不愿意继续在这儿工作；

第三，工作时间长、劳动强度大让员工想离开公司；

第四，公司内部存在不公平的环境，员工向心力不强；

第五，员工发展遇到瓶颈，需要换个全新的环境。

其实，员工离职的原因很多。如果换个工作能够让你更快乐、幸福，那么离职会是一个非常好的选择。

在进行员工离职面谈的过程中，都需要做哪些方面的准备？

从雇主的角度而言，离职面谈的主要目的是了解员工离职的原因，以促进公司不断改进。同时，离职面谈也是企业将离职人员的知识和经验转移给其接任者的一次机会。在离职面谈中应该做哪些方面的准备呢？

第一，准备阶段：在开始正式面谈之前，HR 一般要了解清楚离职员工的入职时间、职位变迁经历、主要工作表现等资料。

第二，铺垫阶段：选一个安静而又不被打扰的房间，向员工回顾她/他在公司的工作经历，重点突出员工在公司里的重要表现和取得的成就，之后逐渐转入离职面谈的主题——离职原因。

第三，正题阶段：使用结构化访谈的方式，挖掘出员工提出离职的真正原因。

第四，结束阶段：如果无法挽留员工，为她/他送上真诚的祝福，并且为员工日后的职业规划提供建议。

第 8 章

携手相伴，感谢一路上有你

沟通的首要是人心

"沟通"是为了人与人之间的相互理解和信任，每一次心灵的交流，都将打破心与心之间的隔阂，缩短心与心之间的距离。

在王威和陈力生的影响下，我对积极心理学产生极大的兴趣，经常将其运用到人力资源管理中。积极的学习态度和严谨的工作作风使我一下子成为公司的"风云人物"。

"你刚下班啊！"我在电梯里遇到市场部经理米娥。

"你好，米经理！"我很热情，这能反映出一种正能量。

"真羡慕你们人力资源部，每天都可以准时下班，工作轻松没有那么大压力！"米娥边说边捏了捏自己的肩膀，仿佛刚卸下千斤重担一样。

我心想，你是没看见我加班的时候而已，我只好苦笑地说："米经理说笑了，你还不是一样嘛！"

米娥说："哪里一样？今天是我这个月第一次按时下班，哎……我倒不是怕加班，身体再累我也能扛得住，可是这心里不好受呀，家里小孩老人都等着呢！"米娥面色蜡黄，眼里充满血丝，看得出来她的确有很大压力。

米娥对我说："听说你最近在给销售部搞什么积极心理学培训方案，你给我支支招，看是不是我的工作心理出现问题了，顺便也给我们部门解决一些现实问题！"

我有些为难，我并不是什么心理医生，只是针对工作的一些实际情况进行跟踪、调研，将一些日常心理学运用到工作中而已。米娥坐到部门经理的位置上肯定不容易，也肯定有她自己的独到一面。"你哪会有什么毛病呀？就算真的有心理疾病，我也帮不上忙啊，要去找专业的医生。不过，如果方便的话，咱们不如搭个桌吃晚饭吧？"我热情地邀请米娥，其实心里也是真的想帮一帮米娥这位令人敬佩的前辈。

经过一番交流，我的热情使米娥打开了话匣子："你们做人力资源的，最善于理解人心，你有没有关于上下级之间沟通的书？我也借两本，我都快被我那帮下属折腾死了！"米娥一股脑地把自己的苦恼倒了出来。

米娥也是总公司调到分公司来的，工作经验丰富，属于典型的职场骨干，而且工作认真严谨，得到历届上司的赞赏，是新上任的市场部经理。可最近米娥总感觉到像"被抽干的枯井"，充满着倦怠感。

米娥每天有大半的时间在为下属扑火和救援，自己的事情则经常被耽搁。她也常常开团队培训会，告知大家业务的难点和要点。但是，她总对下属的工作能力不放心，过度干预、过于苛刻，下属们也常常以消极怠工来表示对其不满，双方关系紧张。

我听了之后，由于对积极心理学有一定了解，于是有了自己的主意，说道："原来是这样的，其实在积极心理学研究中，积极的沟通才能带来积极的关系。只有在下属心中种下积极的种子，团队中有了积极的基因，才会产生积极的结果。"

我开始和米娥解释沟通中消极和积极的区别，米娥一直以来所使用的沟通手段都是"消极"沟通，因此才导致"消极"的结果。米娥平时在和下属沟通过程中通常从问题出发，把缺点放大，用指责作为主要语调，她最需要学习一门新技术：发掘对方优势，给予正面关注，注入正能量的种子。

就这样，米娥用这样的方法很快便与下属打成一片了，业绩也有了明显提升，她自己更是轻松了很多。

怡彤老师说

职场是一个竞技场，它是个人才智发挥的重要场所，所为团队的成员，应该主动去展现自己的优势，让领导去发现和挖掘，然后形成团队优势。米娥作为团队的领导者，她的主要工作应该是让下属意识到自己所拥有的资源和能力，然后激发其工作积极性，形成工作动力和成就感。如果每个人都把自己身上的积极因子奉献出来，汇集到一起，就能爆发出极大的团队能量。

积极心理学在沟通方面，特别提出"建立发展积极沟通技巧和建立紧密人际关系力量"的应用落点。早在 1997 年，积极心理学研究者 Lynch 教授就指出：沟通问题是指不能有效进行深入而有意义的交流和沟通。同时还提出，对组织而言，组织中健康的交流沟通有助于相互依存、协同合作，最终引导组织健康发展。

在沟通中，如果沟通一方出现一副要爆炸的姿态，另一方自然会通过条件反射形成自我保护壳，这个保护壳会将外来信息隔绝在壳外。这也是为什么米娥越是对下属工作不放心，越是干预，最后结果却越是不佳的原因。

沟通是沟通双方的一种心理博弈和感受。沟通者在获知情况后，应该站在对方的角度体会对方的感受，相信下属或同事此刻也正在因为犯下的错误而内疚。从而在感受了对方处境之后，做出冷静的应对方法，和下属、同事共同面对困难，做到在小问题面前恨铁不成钢，在大问题面前感同身受。

我在多年培训和管理经验中发现，团队队长大多数都具备良好的沟通特质，尤其表达能力尚佳。如果借鉴积极心理学的应用思路，这对提高团队管理中的积极力量将会起到帮助。我发现，高绩效的团队在积极沟通方面应该具备以下若干主要特征：

1. **团队人际关系可靠，彼此间相互信任；**

2. 团队管理者具备倾听和理解的能力；

3. 重视公开对话组织规范形式；

4. 团队管理者是积极而尊重他人的高人际导向。

我结合多年工作的经验，给大家几条沟通人心的建议：

沟通人心一：先情感后讲事，建立信任是基础

积极沟通是建立和维持良好的人际关系的关键因素，沟通中90%的成效取决于对方对你的信任。当下属或是同事工作出现问题的时候，我们要做的不是去一味指责，而是采取"同心反射"的方式，对对方的感受（焦虑而不信任）进行感受层次的理解，这是形成优秀团队的前提条件之一。这样做的结果就是过去不快的事，通过这次交流得到初步化解。信任得以有基础。

沟通人心二：帮助下属，帮助自己

目前80后和90后员工是职场的主力军，他们属于新生代的年轻员工。从职场生涯来看，都属于"职业前期"，工作核心能力（包括责任感）基本上还属于建立阶段。从积极沟通角度来看，下属暴露的问题、状况和危机都不仅仅是个别的，而是以点带面的。这是一个给予下属提升管理能力的新命题、新挑战。需要提升自己，完成从业务型管理到素质型管理的转型。帮助下属就是帮助自己管理角色的积极认知—角色积极行为表现—角色积极期望—角色积极评价，这就是一个积极自我沟通的过程。

管理者应该赋予管理角色更多的积极认知：管理是通过他人完成工作，追求共同的成果，这个过程就是要承担挫败，承担风险，调动

士气，积极主动制订应急计划，而非消极抵抗，令团队绩效下降。

沟通人心三：发掘优势的探寻术

在积极心理学研究中，积极的沟通才能带来积极的关系。如果我们一直都是用"消极"的沟通，也会导致"消极"的关系。消极沟通往往以问题出发，把缺点放大，用指责作为主要语调。我们需要学习一个新技术：发掘对方优势，给予正面关注。职场是每个人优势发挥的重要阵地。下属优势必在，只是需要管理者去发现。当下属逐渐意识到自己的资源和能力，就能激发其工作的成就感，动力也就有了。管理者首先要建立优势词汇表，因为这是很多人已有词汇中最缺乏的，然后带着真诚、赞赏的态度多应用在下属身上。同时，多关注下属的小的积极思维、小的积极行为的改变。当然，对消极行为并不是坐视不管，而是客观分析，而非横加指责。简单而言：多赞赏、少指责，多关注、少干预。如果能够认同积极心理学的观点，多鼓励赞赏，给予支持，下属把事情做正确了，自己少劳心，就能有更多的精力提高自己。

沟通人心四：引发下属思考办法

积极心理学有一句重要的言论：靠自己成功的人，才最有自信和动力。当员工陷入无助的时候，帮助其扩大积极的体验，让员工自己找回行动的主控权和自主性，才能从本质上解决问题，提升能力。我们可以在工作中不断提升倾听和理解感受的沟通能力，给予下属一个倾诉的空间，如果下属希望听到建议，那么要注意"提点而非乱点"，最好是给出间接建议，而非直接建议。间接建议是指给出一个可能性、参考性和选择型的意见。例如：

我很理解你，如果＿＿＿＿＿＿，那会＿＿＿＿＿＿。

我有一个朋友告诉我＿＿＿＿＿＿＿＿＿。

我不知道你会怎么样，但当我＿＿＿＿就会感受到＿＿＿＿。

如果我们每个人在工作上和家庭中，开始逐步改善自己爱给直接意见的沟通方式，就能引发思考让对方能够自主思考解决点，增强处理能力的信心。沟通首要是人心，积极沟通能促进员工自我成长、增强工作效能以及实现团队的共同目标。

让团队动力"保鲜"

加班让煲仔饭成了我的便饭，我是公司后楼巷煲仔店的常客，在那里我总能遇到大楼的保安人员。为了安全起见，晚饭后我习惯性地和他们一起回公司大楼，久而久之大家便相互熟知了。

这天，我和往常一样坚持把手头中的工作做完才下班，"施小姐，这么晚才下班呀？"保安队队长刚刚完成安保的巡查任务，在电梯间遇见我。

"是啊，你今天的巡查任务完成啦？"我看到保安手里拿着一叠文件夹，又穿着便服。按照平时，这个时候他应该是完成巡查或者是走在巡查的路上。

"不是、不是，我今天早班，早就下班了，我现在穿着便服呢，我今天也是加班！"保安歪着头，还卖起关子来！

"你加班不穿工作服？张哥！真休闲……"我打趣。

"哎……我要写工作报告，所以才留下来加班。"保安明显有些吃力。

提到工作报告，我来了些兴致："你们也要写工作报告啊？"我很好奇。

张哥挠了挠头，说："是啊，烦死了，我每个季度都为这个工作报告犯愁。这不，这个月大家的工作状态都不行，总是消极怠工，我这个队长还真不好当！"

电梯到了一楼，我边走出电梯边说："张哥，别烦恼了，赶快下班回家吃饭。有空咱们聊一聊，我们一起想想法子。"

隔天，周五还没下班，我就收到了张哥的"约会"短信。我显然感觉有些唐突，愣了一下才想起自己的承诺，我看看手上的工作，下班前应该能够做完，索性就约他在煲仔饭店吃晚饭。

张哥并不是我所在公司员工，办公大楼的保安工作由物业公司负责。对于之前的那个承诺，我完全可以不理会的，但我是一个"热心肠"，加上我最近一直在思考积极心理学在职场上的应用，终于找到一个小试牛刀的机会。

张哥是一个憨厚、工作积极的外来务工人员，虽然他没有令人羡慕的学历，但凭借出色的工作表现，不久前顺利成为物业公司众多保安队队长之一。作为保安队队长，团队的日常管理是他的主要工作，在确保工作质量与绩效得到有效提升的同时，他还要保障团队的稳定性和凝聚力。保安队队长在公司的管理环节中处于基层的管理人员，可谓官小责任大。保持团队稳定（离职率低，忠诚度高）、积极向上（倦怠感弱、满意度高），这是张哥工作中比较薄弱的一环。

从张哥那里我了解到，由于福利和工作条件的原因，保安队容易出现懈怠、消极的情绪，保安队人员流动性非常高。张哥所在的十人团队，上个季度的离职就有五人次。面对这些困难，刚刚上任的张哥感觉有些吃力。另外，在每次排班、调休的时候，总会遇到争吵不休，不服从安排的情况。作为团队领导，张哥左也得罪人，右也得罪人，着实让人头疼。

作为积极心理学的爱好者，张哥所遇到的问题正是我工作中所要解决的问题。我知道，保安队出现的问题是职业枯竭的表现，职业枯竭和肉体的疲倦劳累不一样，它主要由生理和心理、情感和行为引起的团队不协调，缘自于团队成员心理的疲乏。

团队合作是一种永无止境的过程，合作的成败取决于各成员的态度。从市场部减压培训计划到米娥所在部门，我对工作的认识逐渐转向团队精神所在，我对维系团队成员之间的合作关系责无旁贷。

在时间、精力、物力的条件下，对于保安队队长的问题又让我犯了难。帮助保安队队长解决难题也是对自己能力的提升，我首先要让保安小组成员和保安队队长都意识到：团队利益是个人利益的保证，形成生机勃勃的团队动力是团队建设的关键。

于是，我建议张哥："你觉不觉得提高保安小组工作业绩，不仅仅要依靠化解压力的外在手段（提薪、调任、补休等），还需要对保安队进行团队凝聚力再教育，让员工在工作中取得成就感、自信感、归属感、方向感和安全感，最后建立生机勃勃的团队机制。"

"我懂你的意思，可是你也知道，我们当保安的，文化水平本来就不高，也不怎么爱学习。你说的都很有道理，可是实现起来却非常难，有没有什么办法让他们参与到团队学习中来？"保安队队长显然已经对我产生足够的信任。

我听到这，接着说："其实学习有很多种，如看看关于团队合作的电影，这也算是一种学习。就算不读书，也有办法让他们学有所得。而且说到文化，作为一个小组的管理者，你应该增强个人的自我效能感。"

听完我的建议，张哥若有所思地点点头。

怡彤老师说

我曾经看过一份报告，积极心理学认为，自我效能感强的人在一个团队中容易引起别人的注意，成为团队的中心，同时很容易吸引别的团队成员，在团队中形成自己的小圈子。当这个小圈子是带着正向能量的时候，可以增加团队成员相互激励和彼此合作的氛围。

团队呈正能量的动力，将会带来在业绩上高绩效的表现（一体感、沟通协调良好等）。那么，如何令团队动力"保鲜"呢？

美国密歇根大学和罗斯商学院积极组织学术中心在研究个人和组织可持续性绩效的影响因素时，运用了一个更合适的词：生机勃勃（Thriving）。生机勃勃包含"活力"和"学习"两大要素，在充满能量与生气感觉的同时获得知识和技能。他们认为，生机勃勃的员工队伍是这样一群人：他们不仅快乐，工作卓有成效，而且会参与打造企业和自己的未来。

在日常工作中我注意到，团队保鲜，首先应该让团队充满生机勃勃精神。生机勃勃的员工拥有一个点突出优势，他们精力旺盛，骨子里有对抗职业倦怠感的潜意识。生机勃勃的员工比其他员工的绩效高出 16%，而倦怠感比同期低 125%，对组织忠诚度则高达 32%，对自己的工作满意度高达 46%。

职场团队是指一群拥有不同技能的人，他们为了一个共同的目标而努力，在达成目标的过程中，互补不足及坚守相互间的责任。"团队"不是单纯指意义上的集结，而是优势资源的整合与发展，加强团队精神是职场管理人的重要职责。

职员在团队中如何扮演角色才具备团队精神？面对日益细化的社会分工，个人的力量和智慧显得苍白无力，即使是天才个人，也需要他人的帮衬，唯其如此才能造就事业的辉煌。面对适者生存的市场环境，企业需要强大的市场竞争能力，竞争力的根源不在于员工个人能力的卓越，而在于员工整体"团队合作"的强大。

企业员工，该如何培养和形成团队合作能力呢？我给出三条建议：

首先，个人努力是员工形成团队合作能力的内因；

其次，赢得他人信任是团队合作的前提，这种信任包括人品和技能；

最后，将团队荣誉视为自己的荣誉，拥有荣辱与共精神。

一个篱笆三个桩，一个好汉三个帮。职场不缺相互帮助的优良传统，优秀的团队是由具备各种技能的人结合到一起，团队合作能使团队成员间的效用得到最大限度的发挥。

团队的生产力在哪里

我和同事们看通告栏里的工作简报是上班后的第一件事。我快速地扫了一眼，眼睛始终落在"故障"、"疏漏"这样的消极字眼里。从这些消极的字眼中，我总感觉到一股负能量的存在。

"你怎么把这个放在我的桌上？"我刚坐下，隔壁的同事就急急忙忙冲我喊叫，我发现最近此人特别容易紧张和焦虑。

"肖鹏，你最近怎么啦？"我出于真心关心，语气也比较温柔。谁知肖鹏立刻跳脚，大喊道："我怎么了？我又能怎么了？你是想我怎么吧！"说完蔑视地看着我，我有种莫名其妙的感觉。

我只好举高双手，做投降状，"开个玩笑而已，对不起、对不起！"我这才想起来，最近的绩效考核方案把同事们弄得焦头烂额，可结果却招致不理解和排斥。这事再一次把人力资源部推到风口浪尖。

这样的事要是发生在以前，其他部门的同事只会在一旁调侃，可此次情况却有些不同，同事间连牵动嘴角的微笑都少有。面对这些情况，我意识到办公室出现了情绪消极，大家对工作产生了一些懈怠，想要提高办公室内部的凝聚力，就必须设法找到刺激积极情绪、击败消极情绪的办法。

就在我思考如何才能提高同事们的工作积极性时，陈力生的一个电话打断了我的思绪，他要求我就新的绩效考核方案的落实情况写一篇总结报告。"总结报告，陈总是不是听说了些什么？"我觉得这事来得有些突然，我认为陈力生已经感觉到哪里不对劲。

过不了多久，我将报告发给陈力生，在报告中特别提到最近人事部出现的情绪化问题，另外还提出对影响团队工作效能的担忧。陈力生看完报告后将我叫到他办公室，"情绪就是我们身体对思维的反应。如果生命是钱币，正面的情绪就是收入，负面的情绪就是支出，长期的负面情绪会让生命破产"。

道足以忘物之得春，志足以一气之盛衰。陈力生在职场工作多年，他深刻领悟情绪就是生产力的道理，人活着靠一口气，这一气就可以使你有志或丧志。为了使同事们不将负面情绪带到工作中，陈力生提倡每天上班前给让员工享受一顿"精神早餐"，听 20 分钟的悠扬音乐和趣味故事，在工作前让大家的心情轻松、愉悦。结果，办公室紧张与焦虑的氛围有所缓解。

怡彤老师说

在职场中，我们经常受到各种情绪左右，当心情愉快时，干什么都事事顺利，但当情绪低落时，干什么都提不起精神，处处碰壁。有研究结果表明，乐观主义者的工作能力要比悲观主义者高37%。所以，员工工作时的情绪最终会影响到工作的结果，情绪是影响生产力的主要因素之一。

"以人为本"是很多公司的管理手段，也是人力资源部门一直致力于追求的理念。关注员工心理健康是企业不可懈怠的责任，重视员工心理健康，是一种高层次管理管理方法。让员工快快乐乐上班、高高兴兴回家，是提高生产力重要选择，这既有利于员工身心健康，又能激发员工积极性与创造性，能使其潜在的工作能量得到最大限度的释放，使员工与企业双双受益。

我在积极心理学的研究过程中注意到，有利于实现工作目标的事件和条件构成了"情绪事件"，这些积极事件促使积极情绪的产生，积极情绪会使职场个体产生更持久的态度，如工作满意度、情感承诺度、组织忠诚度等管理指标。积极心态好比种子，团队好比土壤，只有使积极心态在土壤中播种、扎根、开花、结果，才能使团队具有强大的生命力。

美国密歇根大学心理学家南迪·内森的一项研究发现，我们一生中有三分之一的时间处于情绪不佳的状态。既然每个人都会存在情绪不佳的状态，那么在职场中的个人怎样扮演好自己的角色呢？

很多公司的领导、管理人员，知道情绪会对整个团队产生极大的影响力，在例会中会把这样话挂在嘴边，"每一天所付出的代价都比前一日高，因为你的生命又消短了一天，所以每一天都要更积极。今天太宝贵，不应该酸苦的忧虑和辛涩的悔恨所销蚀，抬起下巴，抓住今天，它不再回来。"

我是一个半路出家的积极心理学爱好者，在平常工作中，也经常通过各种形式将积极的种子种到同事的心里，"我相信你，你一定会做得更好！""谢谢你对我的帮助，如果需要，我一定竭尽全力帮助你！"

简单而言，员工的积极情绪是组成团队积极情绪生产力的重要单元，而团队情绪生产力将体现在管理指标上，积极情绪是一个滋养和催化的正向因素。在同一部门中，情绪会在员工之间相互感染和传递，形成相互稳定的人际关系，进而促进积极情绪的个人体验。因此，积极情绪对营造积极的团队氛围非常关键。

在一个团队中，从队长的行事风格，就能知道集体的团队氛围，因此积极情绪的主要传播者和发起者，必然是团队领导者。作为团队的管理者，需要适当考虑其积极情绪的主导面有多大。积极情绪能扩大团队对困难、问题、障碍的注意范围（认知的深度、广度扩展），使问题解决的效率更高，决策更为全面。

在团队中，对于情绪的评估是一个心理过程，一般都分为"觉察—评估—表达"三个阶段。很多人的情绪过程非常猛烈，不是没有评估，而是评估瞬间就过度了，相对而言，有些人情绪表达非常缓慢，这跟没有找到合适的表达方式有关。因此，在培训和开发团队的情绪管理的项目中，一定要找到合适的一些应用工具加以训练和辅导。

　　积极情绪对团队员工实现运营指标起着前因变量的重要性，因此，绩效管理实施"标杆"学习上，也非常有必要树立一个情绪达人——情绪生产力高的员工。积极情绪虽然不是一个可以简单数据化的指标，可确是一个隐藏在话务考核指标、质量考核指标和日常管理考核指标中的"推助器"。在团队的绩效谈话中，可以请绩效佳的员工谈一下自己的情绪是如何对运营指标起作用的，从而带出积极情绪引发更高的情绪生产力。

第 9 章

花未开时已闻香

被"牺牲"的职场达人（上）

随着工作的不断深入，我的工作能力和资质得到包括陈力生、贾斯汀等分公司上层的认可。分公司领导准备在报批公司总部允许后，将我提到人力资源部门经理的位置。

"大经理，今天中午我们吃什么？"萨莉和往常一样从办公室外走进来，我赶紧对她说："不要这么说！"

升职在即，按理说我此刻的心情应该愉悦才对，虽然我还是按照往常的步调工作、生活，可我发现身边总有些不对劲。

"我跟你说过很多遍了，我这个方案可以更改，但关于课时时长的安排已经定好了，是一定不允许改动的！"我以强硬的态度表达自己的意见。

"好的，好的。那我们这边再协调一下，再见！"对方是销售部新来的小姑娘，说话轻声细语。我忘记了按下挂机键，把手机顺手放在键盘边。正要把注意力转移回自己的电脑上时，无意间听到电话里传来说话声，我正准备按下挂机键，对方的话却吸引住了我。

"她是不是开始耍领导脾气了，她一直都是这么听不进意见吗？"

"没有啊，她人挺好的，只是不知道为什么最近情绪有些不稳定。"

"哎，真不专业，自己心情不好，就把气出在我们这些人身上……哎呀！"对方似乎发现自己手机没有挂断，一秒钟之后电话里就传来嘟嘟的提示音。

我很郁闷，但也异常冷静，开始理智地分析是不是自己错了。是我心情不好吗？我不断问自己，仿佛心情并没有特别不好，我并没有把不佳心情带到工作中的习惯。想到这里，我也没有太在意，又忘我地投入到工作中。

抬头看看外面，天已经黑了。办公室里空荡荡的，偶尔还能听到加班的同事清脆的键盘声。我抬手看看腕表，已是晚上八点多。本来有计划下班去按摩一下肩膀，看来也只好作罢。我捏了捏僵硬的肩膀，关了电脑朝外面走去。

晚风带来一丝丝凉意，让我清醒了不少。早上不经意间听到的同事评价，此刻又在我耳朵边响起。路上一群学生模样的少女从我身边鱼贯而过，留下一路的笑声。

我已经很久没有像这些孩子这样放声大笑了。伴着凉风，坐在路边的长椅上，我觉得很舒服。来到广州这个陌生的城市，我怀揣着理想，从容面对困难，在各种"不幸"中体会着工作带来的欢乐。

"你怎么一个人坐在这呀？"从黑暗中走出一个人，透过路边的灯光，我好不容易看清楚，原来是陈力生。

我赶紧站起来，向陈力生问好："陈总，是您啊！您住在附近？"

"是啊，你在这里干嘛呢？"陈力生一身运动打扮，脖子上挂了一条毛巾，显然是刚刚做完运动。

"哦，我刚才在附近吃饭，饭后见这里挺安静，就不知不觉坐下来了。"我垂头丧气地说，在领导面前还是表现出一些心虚。

"怎么了？这副模样？"陈力生示意我坐下，他也坐在了长椅的另外一头。

看了一眼陈力生，我歪着头，还是把今天白天的遭遇跟陈力生说了。

"你最近的身体怎么样？"陈力生问得有些莫名其妙。

我有些不解，向他倒苦水，谈些职场上的事，他怎么突然问起身体怎么样？我来不及细想，回答道："还是老样子啊，只是最近有点肩、背痛，晚上睡眠也不是很好，常常半夜有一点小响动就被吵醒了，之后就再也睡不着。"

陈力生有种"我早知道"的意思，他说："你很久没有做运动了吧。"

我说："是啊，工作比较忙，有时候还要去港大上课，所以没什么时间。"

"现在是下班时间，我也告诉你一些工作之外的道理。不管自己多忙，都不要为了工作牺牲自己。一生很长，工作内容也很多。现在还年轻，所以你可能认为工作就是你的唯一。但事实上，工作并不是你的唯一。你现在为了工作，只是牺牲你自己，牺牲你自己的休息时间、锻炼身体和学习的时间。等你以后有了家庭、孩子的时候，你是不是也要牺牲他们来成全你的工作呢？作为上司，当然希望员工都像你这样废寝忘食，但是作为朋友和虚长你几岁的过来人，我却希望你不要为工作牺牲太多！"陈力生说完，抽下了搭在脖子上的毛巾，对我挥挥手，独自跑进了黑暗中。

我第一次听到"为工作牺牲自己！"这句话，以前在我心里，"牺牲"这个词是充满敬意的。学校的政治教育给我带来一定的后遗症，在我心里只有董存瑞、邱少云这样的战斗英雄才配得上牺牲二字，想不到现在自己也在"牺牲"。

转念一想，也对，为了工作，我把能牺牲的都牺牲了。我每天总有 100 个理由，让自己留下来加班，牺牲的是完美的晚餐，以及爸妈的嘘寒问暖。每次爸妈打电话来，我总是留下一句"我还在加班"就挂了电话，这让电话那头的爸妈多么失落啊。我总有 100 个理由，来解释因为自己的工作狂而忽略身体的疾病，弃健康于不顾。

职场中，我有时还很得意，自认为是一个智商、情商都不错的人，在工作中能很快适应且得心应手，想不到这些也都不过是牺牲自己得来的。夜色越来越深，我不是在默念中"牺牲"，而是在沉思中求得生的希望。

怡彤老师说

你在职场中，有没有被"牺牲"？职场的"牺牲"，不需要用躯体和热血铸就长城，而是因为没有注意到某些警示信号而导致人际关系破裂、事业失败或者健康出现问题。牺牲综合症，是指权利压力让人们陷入到一种承受压力和自我牺牲的恶性循环里，它如病毒一般，吞噬着组织和个人的机体。

职场牺牲症并不存在每个人身上，它一般出现在扮演领导角色的群体中。职场初期，很多年轻人的压力来源大多数是物质需求层次的提高，职场对他们而言，更多的是奋斗、拼搏，谈"牺牲"还早。

在职场，"牺牲综合症"往往表现不明显，我们通常在不知不觉中就患病，就陷入了困境当中。如果没有足够警觉，没有自省吾身，通过上述警示告诉你，你正在陷入牺牲综合症危机，我们可以通过以下方式测试职场牺牲症的存在。我现在提供一份职场牺牲症存在的测试题，请大家认真作答：

询问自己三组问题，三组问题属于自陈式回答问题，0~5分，5分为正向最高分。总计分数75分，超过50分以上，属于牺牲综合症高发人群样本值范围。

1. 人际指标：

——我无法平心静气的跟人谈意见相反的问题（家人、朋友、上司、下属）

——我很久不放声大笑

——我喜欢争执中赢取话语权

——我一旦加入话题，孩子家人都沉默和回避

——我甚至记不起上次跟好朋友聊天是何时

2. 身体指标：

　　——我经常头疼、背痛

　　——我常受到失眠的困扰，半夜醒来，无法入睡

　　——我不懂得什么是身体放松

　　——我许久不做运动

　　——我常做恶梦

3. 精神指标：

　　——我很久没有时间停下来思考

　　——"感觉"这个词对我而言，是麻木或者反应过度

　　——一周中，没有什么能让我兴奋

　　——创新力离我很遥远

　　——坦白而言，我想逃避，但去哪里，不知道

　　无论是职场精英还是成功人士，为职业而"牺牲"的情况不在少数。越早发现问题，就能越快能阻止问题的恶化，牺牲的局面就得以监测和扭转。

被 "牺牲" 的职场达人（下）

知人者慧，自知者明。风云变化的职场，每天都在上演着牺牲和成就的故事。在领导者的角色中，自我牺牲的悲剧无处不在，越是成功的巅峰，越是险象横生。在职场，"牺牲综合征" 往往表现不明显，我们通常在不知不觉中就患病，就陷入了困境当中。

在陈力生的提醒下，我意识到自己已经陷入职场牺牲症的困扰中，于是我开始大量翻阅书籍，希望找到病因，但是结果并不理想。

初入职场的时候，我并没有像现在这样自我 "牺牲"，那时候压力的来源往往是对物质的需求，职场对我而言，更多的是奋斗、拼搏。自从获得升职之后，我就不自觉地陷入了职场牺牲症，越来越多的事情需要自己决策、取舍，牺牲小我成全大我的心理状态和倾向越来越明显。

手上的方案还没有做完，那么今晚就不和安娜她们去吃饭了，留下来把方案做完吧；培训计划要修改，明天说不定有更多的事情做，那么今晚上就晚点下班吧，反正也做不了多久；星期六预约了去做按摩，可是陈力生在 MSN 上问自己有没有时间，去看看培训场地，想了一下，还是回答说有时间。

这些事情都是我在牺牲自己的最好证明。我也知道，多少职场达人都和自己一样，因为他们心里明白，想要攀上金字塔的顶端，就得比别人付出更多的努力，只要掉队，就会被职场真正的"牺牲"掉！

原来，职场牺牲症不仅仅由工作压力引发，更多来自于权力压力。进入职场的时间越长，工作职位越高，所要面对的抉择就越多。如果不及时调整，那么以后要面对的将是更加严峻的挑战。

可是，该怎么调整呢？我在这方面并没有经验。不如去问问陈力生！我盯着电脑屏幕的右下角，现在已经下班十分钟了，办公室的同事也陆续离开。我转过头去瞄了一眼，陈力生还在办公室，他好像在收拾东西准备下班。去不去呢？我踌躇了一阵子，还是决定去。我要用自己的实际行动改变自己，改变自己长期以来形成的人生态度。

"陈总，您要下班了吗？"我站在陈力生办公室门口怯生生地问。我有点心虚，因为这并不是工作上的问题，如果在办工场合说出来，会不会被陈力生拒绝呢？

"是的，有什么事吗？"陈力生并没有停下手里的事情，脸上依旧是看不出一丝情绪，仿佛昨晚上在公园长椅跟自己亲切聊天的那个人并不是陈力生。

"陈总，你下班很忙吗？如果不忙，可不可以抽空帮我解答几个小问题？"我硬着头皮，还是要找到解决问题的答案。

"我大概知道你要说什么，我确实很忙，但是我很乐意为你解答。"陈力生看了一下我，对我说："你知道你为什么会牺牲自己来换取工作上的成功吗？你看看身边的那些比职位比你高的人，他们是不是也有很多人像你这样？"

"嗯，好像还挺多的，但也不是全部，市场部和宣传部的总监都比较喜欢加班，但是你和贾斯汀好像经常都在休假！"我憋不住笑，绷着嘴好不容易才把话说圆了。

"我把你刚才的话当作是表扬了，哈哈……但我跟你说，其实很多有成就的人，都会有一套自己轻车熟路的'减压'方式。这些方式可以帮助他们自我修复，渡过心理危机，短时间内都是有效的。我相信你非常优秀，这些减压的方法，你肯定也有不少。这也是你在职场的优势之一，但要注意的是，任何优势在极端情形下都是有劣势的。"

我站在一旁，我知道陈力生口才好，但不知道他对职场心理学的认识有这么深，"卧虎藏龙"的职场什么事情都有可能发生。

"极端情况下的压力事件，旧的方式行不通，新的方式没有出现，唯有靠'牺牲'来解决。'我需要锻炼，可没时间'、'我不保养身体，就会得心脏病'、'我再不陪家人度假，妻子孩子就会抱怨我'……很多职场人士由于固有的思维和行动模式具有强大的惯性，所以改变只停留在无助的想法阶段。拒绝改变代表着一种自我防御和保护。为了减少未来更多的牺牲发生，是时候松开你的防御机制。"陈力生说完之后，看看了自己的手表，对我微微一笑，提着包往办公室外走去了。

陈力生的一番话，让我如醍醐灌顶一般，我这才知道自己为什么一直查资料查不出个所以然，因为自己根本没有接触到问题的核心。经过陈力生的一番高论，接下来的事对于聪明的我来说，也就变得简单了。

我再一次扑向心理学世界，并如愿以偿地找到了解决方法，制定了一份比较完善的缓解方案。

怡彤老师说

生病后才治疗，不如提前预防，为了防止自己无限度地陷入职场牺牲症中，必须首先学习辨别职场牺牲症的预兆。在职场中，想辨别是否已陷入职场牺牲症并不是件容易的事情，职场中很少出现帮你把脉听诊的诊断者，也很少有领导如陈力生般能一语中的。如果不是我是陈力生一手带出来的，陈力生也很难看出我的问题。

拒绝改变代表自我防御和保护，为了避免职场牺牲症发生，就要松开你的防御机制。当职场牺牲症警示信号亮起，那么我们已经不知不觉地陷入牺牲综合症的困境：系统平衡被打破、洞察力丧失、身体变得脆弱……正所谓知人者智，自知者明。

在职场牺牲症面前，职场人士只能靠自我觉知。自知力本来是精神病领域的词汇，它是指病人对自身精神状态的认识能力，也就是能不能判断自己有病或者精神状态是否正常，后来自知力在心理学上被广泛应用。正常人在自知力上并没有缺陷，但是仍然需要继续加强自身的这种能力。我们通过身体和精神上的自我觉知来对抗职场牺牲症，这是一个要求的自我成长阶段，也是主动改变的第一步。

我们先来一起做个练习吧！练习的名字叫"四方阵"。用一张白纸，画上一个圆，把圆分成四格（可均等或不均等，个人自定）。在格子里写：身体、精神、大脑和情感。四个方阵囊括了人的身心智灵运作。只有持续关注它们的变化，才能保持灵敏的觉知力。

你的四个方阵是否平衡？＿＿＿＿＿＿＿＿＿＿＿＿＿＿＿＿

你有否因为工作而过度消耗身体？＿＿＿＿＿＿＿＿＿＿＿＿

你在生命中什么活动是最有价值的？＿＿＿＿＿＿＿＿＿＿＿

你在工作中哪些是最不喜欢面对的？＿＿＿＿＿＿＿＿＿＿＿

在一系列的发问后，我们可以开始进入对自身全面的反思。偶尔停下匆忙的脚步，安静地和自己进行一次对话。我规定每周都通过"问一问"、"说一说"、"画一画"和"想一想"来修正自己的心态。

"问一问"（自己过去的一周过得怎么样）＿＿＿＿＿＿＿＿＿；

"说一说"（自认为生命中或是工作中最有价值的活动／最喜欢的事情和不喜欢的事情）＿＿＿＿＿＿＿＿＿＿＿＿＿＿＿＿＿；

"画一画"（用铅笔勾勒一个人体，一边画一边对自己的身体做扫描，分别感受身体中的紧张、不适、疼痛、舒适）＿＿＿＿＿＿＿；

"想一想"（闭上眼睛，深呼吸几次。头脑中，想象崇拜的"英雄"人物，想象那些给自己带来的启示、告诫以及指导）＿＿＿＿＿＿＿＿。

如果说，职场是一个竞技博弈场，那么输赢、成败是每天都必须面对的结果。成功达人，勿在失去觉知力和习惯固有模式下，失去自我修复的能力。没有人说"牺牲"是职场的必选项，"牺牲"不一定伴随着成功，但肯定将失去生命中一些珍贵的人、事、物。

你的快乐与哀愁有人分享吗

"家"本是一个让人放松的温暖港湾，但在竞争激烈的职场，很多职场精英在工作时间里消耗尽自己的激情和精力，回到家后出现"下班沉默症"，一言不发，与家人的交流变成一种负担。

"下班了吗？今天还加班吗？"妈妈的关切又一次响在我的耳畔。

"嗯，下班了，今天不加班。"我刚刚结束了一个离职谈话，情绪的激烈变化让我心力交瘁。

"你那边热吗？你要注意饮食，少吃快餐，多在家煮嘛……"妈妈在那头关切地询问。

我没有继续听下去，而是打断了妈妈的话："好的，妈妈，你还有别的事吗？你和爸爸多注意身体，有时间给你打电话。"匆匆和妈妈寒暄后，我挂了电话。我现在是一句话都不想多说。

吃完晚饭，我坐到电脑旁。突然，电话铃响了，我看了一眼，是爸爸。不知道为什么我心里反而出现了低落的情绪。

"爸，怎么了？"我转念一想又觉得不对，平时这个时候爸妈早睡下了。

"哦，没什么，彤彤啊，你是不是有什么事啊？"爸爸欲言又止。

"没有啊！怎么突然这么问？是不是你和妈妈有什么事？"一种不祥的预感笼罩在我心头。

"没有，没有，今天妈妈给你打完电话之后就很担心，她说你急急忙忙就挂了电话，不知道你是不是有事瞒着我们。她一晚上都唉声叹气，所以我才偷偷打电话来问问。要是真有什么事，你跟爸爸说，爸爸不告诉妈妈，爸爸扛得住。"电话那头爸爸压低了声音，显然是背着妈妈打的。

我听完这话，有些愧疚。明明是自己不耐烦，还让爸妈担心，自己也太不应该了。"爸爸，没有什么事，我就是在买东西，着急付钱，所以才挂的电话。"我撒了个谎，不然爸妈今晚肯定又睡不好觉了。

"没事就好，有事一定要跟我和你妈妈说啊！"爸爸的叮嘱使我的情绪更加低落。

快要挂电话的前一秒，我听到妈妈在那头急切地问："没事吧……"原来爸爸也说了一个善意的谎言。

我这才意识到自己真的太久没有和妈妈好好聊聊天了，也不知道他们最近过得怎么样。家才是我永远的港湾，那里有世上最不平凡的美。可为什么会这样呢？以前什么事都爱跟妈妈说，我什么时候变得不爱缠着妈妈了呢?

工作的压力让我身心疲惫,可当面对工作时却必须要异常兴奋,但保持兴奋状态的时间总是有限的,下班后兴奋的阀门迅速被关上,很难再活跃起来。由于长时间处在疲劳状态,我形成了排斥感情交流的惯性,患上了心理学上所说的"下班沉默症"。

职场中,为了扮演工作中的各种角色,职场精英们每天被占据的时间超过 8 小时,因为扮演角色的时间太久,突然之间难以抽离。就拿我公司所在的地区来讲,晚上 9 点,灯火通明的写字楼数不胜数。下班后,职场人一时无法从工作角色中回归到生活角色,从而引起的个体在心理上产生紧张和焦虑。

上班时侃侃而谈,回到家却疲惫少言;聚会应酬时笑容满面,面对亲友时却麻木冷淡。面对这种突如其来的"下班沉默症",我找到自己的心理学导师,让导师从专业的角度给我做一些心理疏导和辅导,帮助我排除"下班沉默症"所带来的困扰。

我的老师告诉我,他曾经遇到一位优秀的企业家,即使通宵达旦的超负荷工作都乐此不疲,他成功地扮演着企业家的角色。可回到家,他却无法与处在青春期的儿子处理好关系,他对于"父亲"这个角色很生疏,和孩子说话的语气语调如同训下属一般。长此以往,父子情感疏离加深。企业家没有意识到"父亲"角色与"企业家"角色定位的语言方式差异,导致了父子之间情感的疏离。

经过老师的指导,我对角色定位有了正确的认识,正确的角色定位是形成合理沟通和情绪表达的保证。我给自己制定了一些心理计划,比如要求自己每天下班之后，用 30 分钟到 1 个小时让自己完全沉默，调整自己。只要这个沉默时间过了，就要求自己恢复到生活中的角色中，给父母打打电话、约朋友吃吃饭、认真学习等，做一些让自己和亲人朋友更加愉快的事。

如此练习了一段时间后，我发现我的精力恢复得特别好，与家人、朋友、同事的关系更为和谐了。

怡彤老师说

《中国青年报》社会调查中心对 2750 人进行了一次调查，调查数据显示，59.6% 的人认为工作压力令人身心疲惫，心情高兴不起来；52.7% 的人认为长时间疲劳，使人形成了排斥情感交流的惯性；40.5% 的人认为人们总是习惯性地对陌生人客气，忽略亲友感受；37% 的人认为工作和交通环境太嘈杂，导致人们迫切寻求安静空间。

社会就是个大舞台，工作时间越长，工作角色越入戏。"下班沉默症"往往伴随着角色负担过重，饱和量过度。这是一种自我调试的心理防御机制，如果对自己和家人没有造成实质的影响，就不需要过于干预。但是如果造成与家人之间情感交流疏离、排斥的情况，那么要引起注意了。

我曾经接待过一个"微笑抑郁症"的职场精英。Vivi 是一个年轻女孩，长期从事电话销售工作，工作表现深获好评。但下班后，就是典型的"下班沉默症"患者：不乐意跟家人说太多话，在家里做任何事都无精打采，下班后觉得特别无聊……用她的话讲就是：上班一条龙，下班一条虫。也许很多管理者会庆幸有这样的员工。但从身心健康的角度而言，由于 Vivi 的角色认知比较分离，因此造成了情绪传递的功能化过于目的性，而降低了真实性。

情绪劳动者时刻进行着情感强化和情感置换的过程：一方面要增强自己和服务对象之间的亲密感，把陌生的服务对象想象成自己的朋友和亲人，对待他们像对待自己的亲人一样，这种情况会强化情感的目的性。另一方面，则要隐藏起自己的真实情感。员工长时间压抑自己的真情实感，即使面对亲人朋友都习惯性压抑和排斥，这种情况称之为"情感耗竭"。在职场中，过度的情绪劳动还会降低服务人员的工作满意度，表现在对工作没有劲头、提不起精神、离职倾向明显等。

哪些行业会造成情绪传递的功利性呢？如航空公司、旅行社、银行、酒店，甚至还有演员等都容易产生情绪功利化。

我认为，时下职场出现的"下班后沉默症"是社会高速发展，竞争压力迫切加速的产物，同时也是个别个体在心理调试上采取的一种自我防御机制导致的。我记得看过这样的一个故事：一个美国男人每天回家之前都垂头丧气、无精打采，如阴霾一般。可是，当他走进家门的时候，就如一道阳光一样照亮了整间屋子，家里洋溢着他们一家人的欢声笑语。他的邻居一直很纳闷到底发生么了？邻居忍不住问他原因是什么？他说，他院子外有一棵树，树上有个洞，他命名为"烦恼洞"。每次他都事先把工作中的抱怨、不满、烦恼一股脑儿地倒进树洞里，卸下工作中的所有包袱，再换上父亲、丈夫的心情，轻松迈入家里的大门。

怎么样对"下班沉默症"解锁？我给三条建议：

首先，回到家之前做一个"去面具化"的深呼吸，重视家庭晚餐，因为晚饭是相互沟通、关心家庭、增进感情的黄金时刻。然后，细嚼慢咽品尝一顿美味的食物，放慢脚步，感受点滴。最后，可以选择约朋友们出去唱歌或者泡吧，或者找一些和你职场圈子无关的朋友，谈天说地，就是不说工作。

"不在沉默中爆发，就在沉默中灭亡"，选择在沉默中进行思考、调整，然后从沉默中再爆发，在爆发中找到自己生活的乐趣，青春活泼的心，决不作沉默的留滞！沉默静守能保持自己的清醒，沉默不是退让，而是积蓄下一次奋起的力量，寻找时机走出人生真正的辉煌。

练就自信力

在职场上，对自己更加自信一些，没有人能看出你的内心世界。所以完全没有必要把自己包裹起来。对别人更加关注，会让自己的职场之路更加通达。

"你去跟新来的那个行政助理……呃……叫什么来着？……"陈力生边说边翻自己的文件，仿佛在文件里能找到答案一样。

我赶紧接着说："夏雪！"

"哦，对，夏雪！想办法让她尽快融入公司的工作环境中。还有她那个个性，请她改一改。我们需要的是可复制的人才，不是一个两耳不闻窗外事的神仙！"陈力生显然对这个新来的行政助理有些意见。

夏雪刚刚大学毕业，到公司一个月了，可陈力生连她的名字都还不记得。这也不能怪陈力生，确实是这个姑娘太冷酷、太有个性了。

夏雪就跟她的名字一样，白，同样也冰冷。可能她有孤傲的资本，她总是能在合理范围内另辟蹊径地找到完成任务的捷径。也正是因为如此，即使她性格冷僻，陈力生也并没有大手一挥让她滚蛋，而是希望我能把她好好改造成更加有用的可造之材。

我琢磨了一下，来到夏雪办公桌前。一般这个时候，普通同事都会礼貌地跟我打招呼，可是这个小姑娘继续敲击着自己的键盘，完全忽视了我的存在。

"夏雪！"我喊了她一声，夏雪几乎在同一时间站起来跟我点头示意。看得出，夏雪一早就知道我站在她旁边，只等我先开口，才站起来。

"嗯，你坐！"我心里想，这个姑娘礼貌倒是很足。我接着说："你下午有空吗？我想抽半个小时和你聊一聊你试用期以来的工作情况，方便我写报告。"之后我们约定下午三点在会议室聊一聊。

下午三点，我和夏雪来到公司会议室，我关上门，手里握着一杯咖啡。

"夏雪，你到公司多少天了？"我已经不像以前那样，每次和同事面谈都紧张得要死，现在的我已能游刃有余地做这样的工作。

"50天！"夏雪依然是冷冰冰地不肯多说半个字。

"你先谈谈你的工作情况吧！"我画了一个大范围的问题给她。

想不到夏雪回答这样的问题也能精简到两个字："勉强！"说完之后，夏雪看到吃惊的我，似乎意识到什么，接着说："对不起，我不擅于和人沟通！"说完这些话，这个小姑娘低下了头，露出了紧张的表情。

"没事！没事！谈谈你在学校的朋友吧！"我虽然吃惊，但是很快镇定了下来。我决定先缩短两个人的情感上的距离。

"很少！"夏雪说完赶忙接着说："我的意思是，我在学校的朋友并不多！"

"可以理解"，我微笑着化解了那一瞬间的尴尬，接着说："虽然我们进来才一会儿，但是我通过你的动作、神情和语言能够了解到你自己其实很明白自己的缺点，并且也希望自己能够积极改正这个缺点！"

"嗯！"夏雪小声地回答道："他们都说你是公司第一个把心理学运用到人力资源管理上的人，想不到你心理学这么厉害啊！"夏雪露出崇拜的眼神。

"倒也不算厉害，任何一个在职场上久一点的人，都看得出你希望努力改变的事实。"我这才意识到，原来在别的同事眼里，对自己是这样的评价。

"嗯，我知道自己有些冷酷，我也希望改正，可是好像很难！我只是很敏感，我总是怕自己说多错多，仿佛每个人都能看透我一般。所以我选择少动、少说来让自己更加自在一点。"夏雪说。

"很正常，我们之所以安排这一个谈话，也是希望能帮助你进步。你的进步对于公司和你个人，都是大好事！"我说完之后抿了一口咖啡，接着说道："每个人心里都有一个舒适区，我们很多中国人的心里舒适区是排斥对家人说我爱你。一旦让我们说这句话，我们会觉得别扭、怪怪的。当我们认识到这句话可以增进和父母、家人之间的感情，并渐渐被我们接受的时候，那么这句话就不会触碰我们的舒适区。"

我说到心理学方面的问题时总是井井有条、头头是道，夏雪的表情逐渐舒缓开来，我知道自己的论述起到了一定的效果。

"你的舒适区是不希望别人打扰你。你不愿意理会和你没有直接关系的人或事，不愿意去思考别人的要求，更不愿意去关心陌生人。你在学校的时候，同学们最多也就是说你冷酷，说你有个性。可是，当你进入职场以后，你会发现，这样的你，工作起来很吃力！"我边说边注意夏雪表情的变化，夏雪虽然冷酷，但并不顽固。

"嗯，我真地希望能够改变这方面的缺陷，有时候我觉得自己很消极，总喜欢消极地曲解领导的话语，还很不愿意被别人提意见。我该怎么把这种'随性'从身边赶走呢？"夏雪是个聪明的女孩，她早就看透了自己的缺点，只是短时间内没有改变的方法。

"很不错，你能意识到自己的不足，并且愿意改进，本身就是一种能力。你要学会对自己不那么敏感，这样你才会对别人敏感！"我言简意赅地切中要害。

"我一直以为自己对别人很敏感。别人笑一笑，我就会猜想别人是不是在嘲笑我……"夏雪有些不解地说到。

"不，其实是你对自己太过敏感，为了伪装自己，你把自己包裹得太严实，时刻在保护着自己，使自己对别人不敏感。"

"在心理学上，有个定义叫做自我透明感效应。很多敏感的人总是想当然地认为别人能看穿自己的一切。当你站在演讲台上，你会认为你的一举一动都会被观众收入眼中，比如紧张、冒汗等，其实别人除了看到你的面部表情，他们什么都看不到。所以，你完全不必用毫无表情来掩饰自己，你可以尝试着对自己不要那么敏感。不信你回家做个试验，你在你妈妈面前敲一首大家都非常熟悉的音乐节奏，你看看她能不能猜出是什么歌。"我说。

"肯定能猜出来吧！"夏雪回答到。

我说："实验证明，只有百分之三的人能猜出来。人们为了把想法传递给别人，发明了图画、语言和文字。如果人与人之间的交流仅仅是一个眼神就能完成的事，人们为什么还要费尽心思去创造文字和语言呢？"

夏雪听到这里，慢慢地点了点头。但是隔一会儿她又说："可是你刚才不是就能看出我的心理活动吗？"

我点点头，接着说："的确，当人们真正用心的时候，可以在一定程度了解对方的一部分心理。但是你放心，这不是在看美剧，而且也不是每个说谎的人眼睛都会朝左看。我能了解你的一些想法，是基于我对你的认识，而不是读心术！再伟大的心理学家，也不可能练就读心术的。"

说完，我和夏雪相视一笑。就这样，我与夏雪常常交流，我发现她越来越活泼开朗，工作效率也大幅度提升了。

怡彤老师说

许多职场新员工总是非常不自信，特别是在公共场合发言、工作这样的事，能避免就避免，深怕自己出错。为了躲避这样的事情，喜欢把自己包裹起来，给人以"冷酷"、"冷漠"的形象。其实职场是非常忌讳这样的个性特征的，这一切都是现代人高估了自己的透明度。

　　很多职场新人或把自己包裹起来，或语出惊人以拒绝外部环境，我非常能够理解。我们来看下图，职业生涯发展的三个阶段可分为输入阶段、输出阶段和淡出阶段。输入是指对知识、信息、经验的输入，输出是指输出服务、知识、智慧和其他产品。刚从校园踏入职场的新员工，正是处于职业能力的输入和输出阶段的转型期，既有实操能力的输出，又有心理能力的输入，是职业发展的关键时期。这个时期能否有效过渡，决定着职业发展的高度。

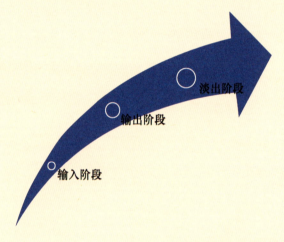

淡出阶段

输出阶段

输入阶段

　　与此同时，职场新人又普遍存在：情绪容易产生也容易消退，感情外露或者感情内敛。你可从下面列举的几条特征中自行识别：

- 遇到可气的事就怒不可遏，想把心里话全说出来才痛快。
- 和人争吵时，总是先发制人，喜欢挑衅。
- 遇到令人气愤的事，不能很好地自我克制。

- 情绪高昂时，觉得干什么都有趣。

- 符合兴趣的事情，干起来劲头十足，否则就不想干。

- 一点小事就能引起情绪波动。

- 讨厌做那种需要耐心、细致的工作。

职场新人现在所处的职业发展过渡期，是弹性的、开放的、动态的，有显著的个性化特征，又易受多维环境因素和个体因素影响，对往后的职业发展有着举足轻重的作用。因此，在日常的工作中，除了要竭力做好操作能力的输出工作，更为重要的就是培养自己的性格力量，输入利于职业发展的良好心理，扫清前进路上的障碍。

性格的力量，是积极心理学大师克里斯托弗·彼得森在其著作《积极心理学》中提出的一个全新的概念。他认为，职场力量来自于良好的性格——一系列积极素质的综合体，其特点是有洞察力、团结合作精神、善良和充满希望等，这当中包含 24 种性格力量。

结合职场新人的职业发展现状，我建议职场新人能先从认知成分开始着手培养自己的性格力量：

1. 创造性：能够思考出新奇和有效的方式去做事情；包括艺术成就，但不仅限于此。

2. 好奇心：能够对所有正在发生的事情感兴趣；认为所有的科目和话题都是富有吸引力的，乐于去探索和发现。

3. 热爱学习：掌握新的技术知识；热爱学习跟好奇心这一性格力量显然是相关的，但更能描述增加某人所知的系统性。

4. 思想开放：能够全面透彻地思考问题，从各个方面检查问题；不急于得出结论；能够根据事实调整自己的思想；全面公平的衡量各种证据。

5. 洞察力：能够为别人提供理智的参考意见；能够以多种方式看世界，认识自己和他人。

与此同时，在职场中，不断提升自信心，自信心是迈向职场成功的起点，也是开发自我潜能的金钥匙。有人说，成功的欲望是创造和拥有财富的源泉，经由自我暗示、激发后形成一种信心，这种信心又会转化为一种积极的感情。它能够激发我们释放出无穷的热情、精力和智慧，进而帮助我们获得学业或事业上的成就。职场中，培养自信的方式有很多，如挑前面的位子坐、练习正视别人、把走路的速度加快 25%、开口大笑和练习当众发言等。

第 10 章

回首而望，职场宛若初相见

人生蓬勃才幸福

职场永远不缺乏"事故"。最近办公室气压极度低迷，所有人都知道，我们公司的一个大客户已被对手公司挖走，分公司下半年的业绩至少有百分之十化为乌有。我站在茶水间的窗前，心想：到时候可能又是一番风起云涌。

公司遭受这样大的风波，被问责不可避免，从高层到一线员工，没人能躲得掉。最近，我不断加班，因为下个月又是我去美国进修的时间，我必须把手上的事理干净，才能安心告假。我每天很晚才离开公司，可每次都能看到贾斯汀的办公室灯火通明。这次的事故也让贾斯汀不好过。我拢了拢头发，按下了电梯。

"稍等！"正当我准备进电梯的时候，身后传来贾斯汀的声音。

"嗯，"我赶紧拦住电梯，我还以为贾斯汀要跟着自己一起下楼。

贾斯汀三步并作两步地走到我面前，摇摇手说："我不下去，我想麻烦你到楼下便利店给我带一份三明治和一杯咖啡可以吗？我助理下班了，我正在赶一份重要文件，现在不能离开办公室。"

帮领导买一份晚餐肯定是没有问题，我打量贾斯汀，只见他头发有些凌乱，看起来精神状态不是很好。我点点头，十分钟后，我带着从楼下买来的三明治和咖啡敲响了贾斯汀办公室的门，把买好的晚餐放到贾斯汀的办公桌上。

"谢谢。"贾斯汀并没有吃三明治，而是打开了咖啡的盖子。在说话之余，贾斯汀的眼神并没有离开电脑的意思。

"不客气，乐意效劳！"我想了一下，问道："贾总，这次事故一直困扰着你吧？我还从来没有见你如此紧张过。"

面对我的问题，贾斯汀表情没有出现大的变化，他示意我坐下，拿起三明治吃了起来。他知道我目前的困惑，对我说："事态的确很严重，总公司已经在关注这件事情。我们的确正面临来自各方面的压力！"

"那我们这次失败的主要原因是什么呢？"我已经习惯了直入主题。

"失败？你觉得我们失败了吗？"瞬间，贾斯汀露出了一贯的绅士微笑。

"难道不是？你刚刚不是说事态很严重！"我有些摸不着头脑了。这贾斯汀的变化也太快了，犹如夏天的疾风骤雨。

"哈哈……"从贾斯汀的笑声中，我还真没有听出失败之后的悲伤！我倍感疑惑。贾斯汀接着说，"的确，这次我们失去了一个非常好的客户。你刚刚说失败，我们姑且认为我们失败了吧，但对手并没有在技术上占据优势，而是杀敌三千自损一万的价格战。在一定程度上说，我们也取得了一定的收获。"

明明损失了一个大客户，我们的收获在哪里？我也算是一个职场老人了，我从贾斯汀的表情变化中找到了一丝蛛丝马迹。看到贾斯汀轻松的表情，我一下子放松起来。

贾斯汀接着往下说："上帝是公平的，他拿走希望之火，却会留下另一样东西。由于我们在硬件和技术条件上还是占上风，所以我们不怕价格战。对手就不一样了。表面上我们失败了，实际上我们在未来的竞争中已经占据了优势，只要我们保持斗志，在教训中吸取经验，我们将在接下来的竞争中把失去的都夺回来。"

我有种拨开云雾见晴天的感觉："您的意思是说，客户还有可能回到我们手上咯？我们还会出更低的价格吗？"

贾斯汀摇摇头："不是的，我们不怕价格战，但是我们不要做无谓的牺牲！客户回不回来已不是重要的问题，重要的问题是我们并没有失败。我们依然占有优势，市场份额，我们超过对手三倍以上。无论是客户素质、数量，我们都占上风！怎么？大家认为我们失败了吗？"

我说出了大家的心声："没有，只是大家都很低迷，有种大祸临头的感觉。"

贾斯汀低头咬了口三明治："那你们人力资源部又有新任务咯！

这种心态非常不好，你们要及时帮助员工端正心态，运用你的积极心理学使大家重新回到正常渠道。"

我有些不解："哪种心态？"

贾斯汀说："以结果论胜败的心态！有句话叫，人生蓬勃才幸福。我们虽然失去了一个客户，可是我们一点都没有失败。可能你不在市场部，你当时并不知道我们为了和对手竞争这个大客户做了多少努力，这个过程的每个细节都可以成为商场上的一个经典案例。我们在这次的战斗中，情绪稳定而正面，其实一开始对方就已经压倒性的胜过我们了，可是我们并没有沮丧。特别是高层，大家都非常积极正面地迎接挑战。现在结果出来了，困难时期过去了，想不到士气却低迷了！"

说话间贾斯汀已经快速地把一个三明治消灭了，他接着说："你明天和陈力生讨论一下吧，看看以怎样的形式，为分公司的员工做一次集体的心理辅导。我可不想看到我的员工整天怀着失败的心态。"

我有些窘迫，内心很困惑，只好硬着头皮说："我不是很明白！"

贾斯汀笑了笑说："其实我能理解，就算是陈力生，他也未必会明白我的意思。"贾斯汀喝了一口咖啡，悠然逍遥的神情又回到了他的身上，他说："你最近心理学学的怎样？"

我说："挺好！"

贾斯汀说："你知道马丁·塞利格曼教授吗？"

我说："积极心理学之父！"

贾斯汀说："马丁·塞利格曼教授最近提出了一个新的'幸福'研究成果。他提出，一个人是否幸福，已不仅是生活满意度的测量结果，而应该是更深层次——人生的丰盈蓬勃。他认为应该用积极的情绪、自主的投入追求人生意义，处理好社会中的人际关系以及换取相应的成就来衡量幸福。"

贾斯汀说到这里，我一下就明白了："PERMA 理论！我懂了。你的意思是，我们是否失败，其实并不仅是结果而论。就算是失败了，不同的心态也可以有不同的看待方法。而你更希望我们能用积极的情绪、正能量的心理状态去迎接暂时的失败。我懂你的意思了。我们只是输了一场，并没有失败，对吗？"

贾斯汀满意得一笑，对我说："对！别愣着了啊，快回家吧，好好想想明天要怎么把这个理论融到心理辅导中吧！"

怡彤老师说

人的一生和生意场一样，有输有赢，难免失败。许多成功的人并不是比别人更有天赋、更有能力，只是在心态方面比别人成熟，在面对挑战的时候，情绪稳定而正面，有自己明确的奋斗目标，即使是暂时失利了，也很享受那迎接挑战时的精彩和拼搏，没有背负负面能量。我在研读应用心理学硕士时，导师曾这样说过："人心有大奥秘，人心有大力量！"一次又一次的亲身经历，无数次验证了这话。

我这样认为：人是既有规律又无规律的，因此才会有无数的可能性。而人心的力量，更是奇妙无比的，我们无法想象它源自何方，又是怎么爆发出来的。大奥秘、大力量都蕴涵于人心，只有恰逢其时才有显现的机会。

在职场，每一个人都可以是幸运儿，都能够否极泰来，关键是怎么用心去面对。职场中，你可以有很多种选择，可以一条道走到黑或盲目地追随，也可以用"心"编织华丽篇章。职场人的经历或有类似，或有不同，但生活在同一个时代，谁也跳不出职场中复杂的人际关系和矛盾的圈子。

我想当初在关键时刻挺身而出也与我积极的情绪有关，积极情绪是指个体由于体内外刺激，个体需要得到满足而产生的伴有愉悦感受的情绪。积极情绪一般有扩展效应和感染性。常见的积极情绪包括：幸福、信任、满意、自豪、感激和爱。

后来我越来越会使用这个原理：PERMA——积极心理学之父马丁•塞利格曼教授在 2012 年末提出的新的"幸福"研究成果。他提出，一个人是否幸福，已不仅仅是生活满意度的测量结果，而应该是更深层次——人生的丰盈蓬勃，并提出用积极的情绪，自主地投入追求人生意义，处理好社会中的人际关系以及换取相应的成就来衡量幸福，这就是 PERMA 理论。那我们如何把 PERMA 理论运用在职场中，从而找到自己的幸福感，保持我们的职业活力呢？我有一些建议：

P：积极情绪

据某项研究数据表明，当我们的积极情绪和消极情绪的比例达到

2.9：1 的时候，工作绩效会非常好，创造力提高，创造效率也更高。心理学上也发现，具有积极情绪的人，能够更好地把有限的心理能量投入到外界建设性的事务中去，能够更自然地开展工作，最大程度释放自己的潜能，提高工作效率。面对工作难题时，拥有积极情绪的人更倾向于寻找解决办法，甚至更容易有充满想象力和创造性的解决方案提出。

保持积极情绪的重要方法就是关注事物的正面，客观对事件进行评价。另外，不要抑制消极情绪，而是正确去面对并且分析来源，适当的宣泄以达到控制的目的。

E：投入

投入，与心流有关，指的是完全沉浸在一项吸引人的活动中，感觉不到时间流逝，自我意识消失。处于心流状态中的我们与任务合一，由于心流需要集中全部的注意力，因此它动用了我们全部的认知和情感资源，让我们无暇思考和感觉投入，完全沉浸于事物当中。

在工作中，我们需要找到对我们来说有一定难度并且有意义的工作任务，在处理和掌控这项任务时产生的心流感，不一定能达到巅峰体验却让我们感到自我满足。这种幸福感是持续性的，在事件告一段落，回想起来时更能被真切感受到。

R：'人际关系

爱德华•迪纳与马丁•塞利格曼的一项研究发现，在参与研究的大学生中，快乐的学生的明显共同特征就是都有亲密的朋友与家人，并花时间与他们共处。迪纳总结："想要追求快乐，就应该培养社交技巧、建立亲密的人际关系与人际支援（Social Support）。"

同样，职场上的人际关系和家庭的人际支持质量在很大程度上影响了我们的幸福感。处理职场人际关系的原则与处理家庭关系有异曲同工之处，首先是找到大家共同的工作目标和共识；其次是掌握与同事、上司正确沟通的方式，并且注意沟通时的情绪处理。忽视附在沟通中的不良情绪，关注沟通内容和目的，能使沟通更有成效。职场中，把同事当作是"兄弟姐妹"，而上司是"父母长辈"，将大家看作"家人"般彼此担待、包容，在同一大目标下互利共赢。

M：意义与目的

比尔•盖茨的财产净值大约有466亿美元。设想一下，如果他和他的太太每年用掉一亿美元也要466年才能用完。那么比尔•盖茨为什么还要每天工作？这只说明一点，比尔•盖茨的工作对他有意义，并且这个意义肯定是高于金钱的。

意义，能发挥个人长处，达到更大的目标，它是高于生活的精神状态的满足。心理学家马斯洛指出，人会有比生存更高的精神需求，而且这种需求能让人保持巨大的热情和动力。

在职场中，让我们拥有源源不断的热情和创造力，投入身心去拼搏的便是我们的"自我实现"需求，一种渴求能力发挥，不断自我创造，对实现自我价值的追求。有自我实现意义的工作会让我们有自我满足和幸福感，勇于挑战并乐在其中。

相反，如果工作只是单纯为了金钱、生存，只是为了过日子，那么工作只会是虚耗我们时间、谋杀我们精力的恶魔。

A：成就

我们都期望自己的努力付出会有好的结果，成就，就是我们给自己最好的奖励。我们专注于该领域并做出成绩，这些累积起来的成就，不止是我们的宝贵记忆，更将成为我们自信的来源，激励着我们前进。职场的幸福感是需要成就来滋养的，它可以来自一个成功的新尝试，一个项目的落实，或者是晋升的职位等。

确立目标是获得成就的第一步。在工作中，面对艰巨任务或大困难时，我们可以在每个工作阶段设立小目标，一步一步完成目标，接近任务结果的同时也能收获成就感。

我研究如何提升职场幸福感也有些许时日了，总试图找些跟幸福感有关的规律，那些职场幸福感指数高的人往往更容易进入"TA"心里。

我常常引用以下的小实验故事来展示高幸福感的人与低幸福感的人之间的差别：

心理学家首先假设，负面消息对幸福感高的人和幸福感低的人之间的认知有差别。接着，实验开始。分别把幸福感高的人和幸福感低的人分成两组，给他们看同一组文章报道。文章报道内容主要是一些保持身体健康的内容，如每天喝 3 杯浓咖啡得乳腺癌的可能性将提高多少百分比？两组人，给与同样的时间完成阅读。两周后，再邀请两组人到达现场，对曾经阅读过的文章进行回忆，看哪组人对文章内容记忆度高？

我培训的学员，有 70% 以上认为幸福感低的人记忆度高。而正确的答案恰好相反：是幸福感高的组别记忆度高。

理由很有道理和简单：幸福感高的人对有利于提高自己幸福感的内容记忆尤为深刻，更愿意保持健康的生活习惯。

很多人在哗然后，立刻理解了。

职场幸福的测量纬度关键词是：满意度和积极情感。职场幸福感指数高的人往往表现在对工作环境、工作氛围、工作流程、人际沟通、薪酬水平等有形和无形的项目都保持高满意度。同时，对工作挑战、工作难度、责任使命报以积极情感为主。

但是，现实中很多冒似拥有外人羡慕嫉妒恨的工作的人，却不怎么幸福。实际上这是指内心满意度和积极情感投注比较少。

观察过一些公务员或者国企管理队伍，发现二三线城市的这两种人满意度和积极情感多些。而一线城市的这两种人满意度和积极情感少些。

下图为更为具体的把职场幸福感的项目罗列出来：

福利薪酬 ——这是构成员工职业幸福感的物质基础。

工作环境 ——舒适、安全、健康的工作环境也是员工获取职业幸福感的重要方面。

发展前途 ——职业发展前景的良好规划、晋升通道的顺畅等，可使员工与企业共同成长和进步，从而增强员工的职业幸福感。

工作岗位 ——从事适合自己能力和兴趣的工作时。员工就会得心应手，这也可以使其获得职业幸福感。

人际关系 ——在人际关机融合的企业，员工之间真诚相待，融洽相处，自然会产生幸福感。

人格尊严 ——当员工平时的辛勤工作得到领导和同事的赞扬时。就会感受到被企业尊重，就会在被肯定中感受到幸福。

　　职场是人生的一个竞技场，充满竞争和残酷的规则，会有公正裁判也会有误判，我们可以选择挑战，也可以选择消极应对甚至愤怒离场，但是当我们选择积极完成比赛时，往往我们得到的不止是赛果，还有比赛以外的收获。PERMA 是我们保持职场持续战斗力的正能量和营养素，也是职场幸福感的强化剂。它能让我们往更好的方向发展和前进，但是接不接受，决定权依然在于我们自己。

初见惊艳，再见依然

职业生涯犹如爬山。上山，步伐越轻松，动力也越足；下山，则步履艰难，动力不足。快到山顶时，每进一步都要付出相当艰辛的努力。山顶就在眼前，可就是爬了许久，还是觉得离山顶那么远，不爬又不甘心，继续前进，却又精疲力竭，无可奈何。

"走，一起吃饭去，今天我们就在公司餐厅吃吧！"薇薇习惯性地站在办公室门口。

我看了一眼右下角的电脑屏幕，说了句："你等一会儿，我保存一下文件！"

公司又来了新人，薇薇热情地指着那些年轻、陌生的脸庞，告诉我，这是谁谁谁，是哪个部门的，那是谁谁谁，是哪个部门的。我在他们的脸上看到了朝气和激情，可我却突然觉得这些表情好陌生。心里闷闷的，自己都想不明白，我想问问自己为什么当初的激情会被磨灭得只剩下习惯了呢？我开始反思自己。我似乎正一步一步走向自己所定义的成功，可也仿佛丢失了什么。

"你有没有听我说啊？你看那个穿白裙子的，据说跟当年的你一样，也是贾斯汀钦点的哦！话说你当年如何被贾斯汀从总公司亲自挖过来的，你快给我说说，你们之前怎么认识的？"薇薇拉着我说个不停，可是我只听进了一句话，"跟当年的你一样"！

我心里难过起来，除了年龄、职场经验、专业水平的差异，自己和他们哪里不一样了呢？

"你今天怎么啦？跟你说话，你也不理人，真是的！"薇薇看我并没有理地，有点委屈地说道。

我却说："薇薇，对不起，我已经吃好了，你自己慢慢吃，我先回办公室了。"说完我就端起自己的餐盘，大步离开餐厅，其实我也不知道自己在逃离什么。

进公司这么久，我曾经得意过、喜悦过、激情过，在其他同事眼里，我获得了无数的鲜花，他们经常以掌声相迎，可是他们却不了解成功者背后的辛酸。我还记得刚到香港的日子，这个城市绚烂的霓虹灯让我兴奋不已。坐在高耸入云的写字楼里，俯瞰来来往往的车水马龙，出入各种高档餐厅，这是多么骄傲的精英写照啊。

可是几年下来，高强度的工作压力，几乎让我停摆。我无止境的求知欲又总是推动着自己不断前进，我有自己明确的期望、目标，也有切切实实的行动力、执行力。面对同事们的掌声，我幸福过、激动过，但也无助过。可现在的自己为什么还是会觉得工作是一种负担呢?

怡彤老师说

激情，在爱情中，可以把它的本质解释为大脑皮层中羟色胺的分泌，这种激素延伸出无数恋爱的征兆和体征。在工作中亦然如此，刚入公司的我可不就是和工作展开了"热恋"吗?

初入职场的我总能保持亢奋状态，任何一个小的驱动力就能让我"活"起来。那时的我很容易满足，有时只是领导的一句口头表扬，就可以让我为之骄傲，更愿意为工作付出……

我在公司工作几年之后，遇到了激情消退的瓶颈期。这么多年来，我感同身受，很多同事遇到我这种情况毅然选择了辞职。我曾考虑过辞职，可是我知道，跳槽不是解决问题的根本方法。当初能让自己找到激情的地方，现在依然还是老样子，外在环境并没有发生变化，变化的只是自己的心理。就算跳槽到一家让自己重燃激情的公司，可是再三年后，激情还是依然会退去，那时怎么办？又跳槽吗？显然不现实。

当我再一次走到职场的关键点时，我再一次尝试自我调整，我要重新找回工作中的激情。经过努力，我借鉴马洛斯的需求层次，把职场激情理解为三个阶段：收入、身份和尊严，对职场进行分析和思考。

对刚刚步入职场的大学生而言，工资收入是对自己价值的最大肯定，看着自己越来越多的收入，觉得工作非常有价值。价值可以用金钱来衡量，金钱又能满足物欲，年轻人激情澎湃地扑到工作中，那个时候职场激情也最浓烈。

　　渐渐地，职场白领们不是要从工作中得到金钱，还想获得身份认同和社会认同。他们希望在老朋友的聚会上，当别人提到自己的身份与地位时，自己起码也能是个经理。这个时期的职场达人们也会激情澎湃。

　　在获得一定身份之后，职场精英们开始为自己的尊严而奔波劳碌，这个时候只有获得尊重才能使他们得到最大满足。我为了让自己多感受到这份肯定和尊严，偷偷买了一个小本子，每挽回一个想要离职的同事，就在上面给自己写上一句肯定自己工作的话。每帮助到一个员工，我也会记下来，并且强迫自己经常翻看。

　　其实，刚开始的时候我觉得很别扭，总是害怕别人看到，会误会以为我是个虚荣、骄傲的人。但这样的举动渐渐鼓舞了我，我觉得自己仿佛又找回了和工作恋爱时的感觉。

　　从自我成长的方面来看，有的时候，个人的职业关系发展确实就像和工作谈恋爱一样。激情非常重要，否则一定熬不过七年之痒。可是要怎样在自己激情退却的时候找回激情呢？那必然就是将自己从职业带来的金钱和名位中剥离开来，找寻那些原始的、朴质的，促使自己前进的动力。

　　每个人都渴望冲破天花板，看到属于自己那片成功的天空，不同的是大家对成功的定义与理解。路在何方？路在脚下。不管哪个层面上的职场人士，只要你能装上充电电源，电压够大、电流够强，就能开足马力，形成你的强势和优势，去冲破天花板，寻找新天地！

　　研究发现，在中国有 85% 以上的职业人在职业发展过程中出现职业瓶颈现象。在遇到职业瓶颈时，他们因困惑和烦恼而难求发展，抬头望向天空，阳光虽然还是那样灿烂，但中间却隔着一层厚厚的玻璃天花板，可望而不可及。

我们如何辨别自己已经进入激情退去的职业瓶颈期？职业瓶颈期一般表现为对工作缺乏热情、烦闷、倦怠等，引起职业瓶颈期的原因很多，主要有职位待遇、职位年限、职位环境等。我曾经遭遇的职业瓶颈期主要是由职位环境引起的，多年从事一样的工作，工作岗位对我已经不具有挑战，已经缺乏能使自己进步的基因。职业发展瓶颈是职场发展到一定阶段遇到的问题，它就像女人的更年期一样不可避免，发现并度过职业瓶颈期是职业发展的关键，我给大家一些小测试。

拿出一张纸，问题答案如果是"是"请在纸上画下"正"字的一笔。

• 很久没有得到上司的赞扬了。

• 上班就想下班，一下班就精神百倍。

• 经常冒出跳槽的念头。

• 工作中遇到问题，能推给别人的一定不会自己做，不再那么愿意付出。

• 沉迷在休闲活动中，譬如唱K、看电视。

• 在工作中容易出现沮丧和挫败感。

• 觉得自己的能力很不错，可是团队的能力很难提高，觉得团队给自己带来了牵绊。

• 同事称呼你更多的是以职位代呼，如总是叫你××经理、××总。

• 自我价值观和工作价值观经常发生冲突。

• 觉得自己的工作毫无技术含量，琐碎而重复。

• 如果做完上面的测试，你的纸上已经画了一个正字，那么你就要注意了，你很有可能已经进入了职场激情消退期。

• 为了使我们活得更加精彩，进入正能量的工作周期，我们该如何解决职业瓶颈期中的各种问题？要突破职业发展瓶颈，首先要问自己几个问题并深入思考。

• 为了摆脱职业瓶颈，我准备好了吗？

• 我需要跳槽换工作吗？

• 风险有多高？

• 我在哪些方面还需要改进？

• 是否考虑在业余时间再进行一些深造或学习一些领域的专业知识？

这里我提出以下建议：

建议一，职场充电"对症下药"

职位待遇问题、升值问题一般由个人能力引起，激烈的市场竞争时刻提醒着我们每个人，要不断进行自我增值，否则将举步维艰，就如同耗损的电池般失去利用价值。

建议二，管控情绪，寻找正能量

情绪化是职业瓶颈期的最重要表现，这个时候我们需要戴上职业面具，做好自己本职工作，不把负能量传染给其他人。"忍"也可以帮你走出目前的处境，找到新的自我。

建议三，有计划跳槽

换个环境重新再来，寻找另外平台，我们有三个方向可以考虑：

一是跳到新的专业管理岗位上；二是转向专业领域，发展成为资深专家；三是跳到新的相关岗位上继续发展。

建议四，休假式疗养

给自己一个空档期，休息是为了更好地工作，可以利用这段时间外出旅游、闭关修养，达到修身养性，感悟人生的目的，重新评估自我人生价值。

"Calling"的英文翻译可以为"事业"。当使用这个词的时候，总会带着一种为其奉献终生，在所不辞的勇气和决心。达不到的，充其量你只是一个"Carneer"的角色。不是每个人都有要走到"Calling"的愿望，高处不胜寒，高处少人待。深思两者的区别，我还是觉得跟人的职业核心价值观有关。职业的核心价值观是从属在人生价值观体系当中的。当然，不排除不断沉淀和深化的进程。初见惊艳——你的"Calling"，也许是在你人生势微之时，那只是一个说出来会被嘲笑的梦想。经过了时光的洗涤，貌非貌，暮将暮之年，你有了人生更自由更宽广的话语权；再见依然——你的 Calling 再度出现在你头脑，你发现它从未离开过，只是被深藏在心灵最深处。

脱颖而出，终成彩蝶

我不仅在职场中收获了自信与经验，还在工作中得到了属于自己的价值和荣誉。但我此时开始思索的不是职业发展道路，而是人生该走向哪个方向：工作、事业，这是两个不同分量的词语。

——"那个女人，谁不知道她家有钱啊，说不定家里和贾斯汀是世交呢！"

——"哎，人家命好，也没办法，可是这样压在我们头上，我们当然不服气啊！她怎么能升得那么快！"

——"最惨就是薇薇，你在行政部这么多年了，还是前台……"

几个人正说得热火朝天的时候，我走了进来，几个人快速做鸟兽状……平时和我关系要好的薇薇，也只好尴尬地点点头算作招呼，然后就要离开洗手间。

"薇薇……"我喊了一声。

"下午下班我在一楼等你。"丢下一句话，薇薇就走开了。

我们俩人来到常去的那家肠粉店，各自点了自己喜欢的食物，默默地吃起来。没有谁想打破这个僵局，突然间两人变得如此不自然。最后还是我先开了口："你们今天是在说萨莉吧？"

薇薇是个好女孩，正儿八经的名牌大学毕业，刚到公司还没有熟悉业务就被派到分公司。这一待就是两三年，可一直都还是在原来的岗位上。她工作能力非常不错，且踏实努力。可是现在比她晚进公司的萨莉都升了岗位，难免她心里有些不平衡。

我接着说："你觉得很不公平？很气愤？"

我剥开自己盘子里的海鲜肠粉，把虾仁挑出来塞进嘴里。薇薇点点头："我知道，我在职场上无法跟你比，你是公司中层干部中唯一被选为栽培对象的女员工，是我们职场女性的骄傲，可是萨莉就不一样了，我的办事能力未必不如她。"

我摇摇头，我心里当然能够理解薇薇。在一定程度上说职位是衡量职场价值的重要标准。薇薇不过比我小了一岁，可是职位上却比我低两级，"身在职场，我们难免会遇到一些不公平。可能你的工作环境相对安逸、单纯一些，你受到的委屈并不多。"

我接着说："一路走来，我遇到很多困难，你说我有没有抱怨，肯定有，可是我并不觉得这是坏事。我们很难要求事事都让自己觉得公平。有些不公平也并不是坏事，反而是一种磨炼心智和心态的利器。经历过之后，心理才会真正成熟和长大。"

　　薇薇很少听我说到职场中的委屈，一下子缓过劲来："对了，你上回跟我们说要是今年你拿不到优秀员工奖你就离职，是不是因为心中的委屈呀？"薇薇一下子把问题抛到我的身上，她对我离职的传闻倒是很认真。这就是还未长大的职场员工，他们经常关注同事的委屈与绯闻。

　　对于薇薇的追问，我知道她此刻已把关注点转移到我的身上了，跟她聊聊也好："你刚才说我是公司中层干部中唯一被选为栽培对象的女员工，这或许没有错，可你不知道的是我为什么想到离职。这么多年来，我经历很多坎坷，赢得笑脸，也遭人口水，升职对我来说固然重要，但是这不是我最需要的。我们无力改变周围环境和客观事实，唯一能做的就是改变自己的心态，从容面对它。"薇薇问道："那你想要什么呀？你可知道，像我们这样的单位，获得一个中层领导的职位很不容易的，特别是我们女性。"

　　其实，自从研究生毕业之后，我就开始想思考自己的未来。我需要工作激情，激情是让我快乐的理由，但我并不想过"日出而作，日落而息"的生活。朋友圈中经常有开玩笑："今年的优秀员工还会是你，然后就是升职，多难得呀，你根本就离不开那个单位。"

　　我在出色完成年度工作后，我决定离开原来的舒适区，寻找新的事业起点。面对朋友的调侃，我经常说"如果评不上优秀员工，我就会离开"。可事实是，评上优秀员工才是我离开的重要原因。因为万一评不上，我反而还会留在那个舒适的区间。

　　在年度表彰会上，我不出意外地再次获得年度优秀员工的称号，在领导、同事都在为我庆贺的时候，只有熟悉我的人才知道，我已经悄悄把离职报告写好了。那宣布优秀员工声音的落地就是我发出离职邮件的闹铃。

很多时候，短暂的忍耐和转身，并不是退缩，往往是为了蓄积破茧高飞的力气！我在职场历程中，经历过"人间极品"，也经历过"人间苦难"，但我最终还是凭借坚强的毅力和"事业的态度"披荆斩棘，化茧成蝶。

怡彤老师说

如果说，人生是一场修行，那么职场在这场修行中，可是占据了三分之一的时间。芸芸众生，修行效果如何，且要参看职场的所思所行。读过纳兰性德的《人生宛如初相见》都会为其洞悉人性的深刻而感动、喟叹。最美的初见和再见状态是：初见惊艳，再见依然——人性在与人、事、境层面的深度黏合。

从心理学来看，要做到"人生宛如初相见"，要求主体和客体都要不断更新变化去进一步满足对方，刺激更多的认知和情绪的兴奋点。要做到这点，实属不易。

职场如道场，如想做到在历经多年后，保持对所处的职业、行业如初次相逢般的热爱，依靠什么呢？

一位公司高管曾在跟我聊天的时候提到，他所处的行业，他不尽然全是热爱。但为了让自己保持对工作的热情和投入，他总会主动寻找新的兴奋点刺激和强化这份热爱。在他看来，"热爱"一定要显现为具体的、可见的成就感。这与心理学当中的行为认知的原理同出一辙，不断正面强化，唤醒生理和心理的能量机制，从而寻找更高的意义。用一条直线，就可看透职场匆匆几十年光景。如下图：

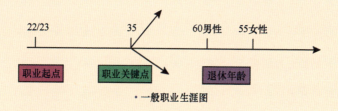

· 一般职业生涯图

　　大学毕业，进入职场，一般都是 22~23 岁，这可以说是职场起点。大多数人的职场起点其实都是一样的，可是为什么终点却各不相同？有些人少年得志，有些人大器晚成，而更多的人是碌碌无为，为五斗米折腰，最后被职场淘汰。几乎每个人初入职场都会有自己的规划。一般规划都是 5 年为一个阶段，也称职业 5 年规划。一般到了 35 岁，经历了 12~13 年的经验积累、知识储备和职场摸爬滚打，2 个规划期也已经完成，形成职场关键点——代表着你的核心关键能力已经形成并且初具成效：你在某个行业领域，某个岗位的经验能具备一定的话语权和选择权。有道"学宜杂学，业宜精钻"，职场关键期，就是从宽度走向高度和深度的蜕变。在猎头圈里有一句话：40 岁前还未跳入猎头的名单，那么就很难走上职场上坡路。

　　35 岁是一个分水岭。是厚积薄发？还是江河日下？厚积薄发指的是你的职业能力得到广泛认可，职业佳绩有目共睹，职业进入"品牌期"。如果说每个人都是一家公司的话，那么 35 岁就是这个公司投入产出的最佳回报期的开始。

反之，就是职业退化期。职业退化的表现：

- **工作激情减弱；**

- **学习能力退化；**

- **危机意识消退；**

- **创新能力消减；**

- **身体素质下降。**

进入职场，大部分人都怀着自己的梦想，当梦想和现实不断碰撞时，梦想被不断修正或是被迫更改，到最后可能和你的初衷南辕北辙。这时很容易造成一种尴尬的局面：如我，做过文案宣传、做过行政工作、后来又做了人力资源管理。做得越多越杂，越容易迷失。可是这个过程是必须经历的，这个过程是我们个体不断选择职业发展方向的契机，也是组织和公司不断培养个人的阶段。

21 世纪，不缺少受过高等教育的人，而是缺少能够持续学习、持续进步的人。职场的可怕在于"学习能力退化"，学习力是保障职场持续成长的动力，学习力比学历更为重要。

有时我在培训现场常常看见那些脸上一片淡然和茫然的中年基层学员，说什么新知识、新理念都好像听过、懂得，可是却没有把此作为新的行动力。我常说，知道的多而不变，比不知道更难进步。请不要忘记来时的初衷，减缓"危机意识"的退化，需要在工作中不断设定新目标，不断进步。"老员工"切莫因为自己的"资质"而觉得淘汰离自己很远。我们不仅要使自己保持良好工作状态，还要不断使自己增值，保持竞争力。

首先，保持持久的工作热情。在工作中寻找更多的乐趣，让工作成为一项吸引你的事情，而不是被动地强迫自己去喜欢工作，那样反而适得其反。

其次，多和正能量的人在一起，保持和职场退化人群的距离。不要让职场退化人群的消极情绪影响自己。

最后，专注是永恒不变的主题。以达到某项专业的高度和深度为目的，自然会有厚积薄发的一天。

我们并不需要多么迷茫，只要坚持住内心的自己。在不断尝试中去选择一个最适合自己发展的点，往高度和深度努力，结果自然不会亏待你。

厚积薄发，如果在厚积的阶段就放松，那么多么完美的职业规划也会变成职业退化。职场是残酷的，优胜劣汰永远是主调，如何做到张弛有度，围绕自己的职业定位做好长、短期的职业规划目标之外，还要看看自己在工作中是否退化了。

因此，不难理解，为何很多曾经处在职场高峰的人，不继续爬那座高山而是转入小径，走一条不被人理解的路径。可又谁知道，这难道不是他年少时候的梦呢？

身处一个陌生的环境时，因为不清楚周围的状况，我们往往会根据以往的经验寻找出相类似的主观判断，当主观判断是轻松时，我们会感觉相对放松。消极和负面构成了我们的负能量场，它们很容易相互传染，只有坚定的内心，才能抵制负能量的传染。

想进入"TA"心里，温暖、付出必不可少；越幸福的人，越乐意接受。不幸的人，越淡忘。一切都不是偶然发生的，机会只留给有准备的人。

职场也是"心理"竞技场，我们在这场竞争中，要发挥心思缜密、柔性等特点，看到机遇，抓住机遇，实现自身和团队的突破。

职场良师可遇不可求，保持职场的求学进取精神，才是新人的高明之处。

走出工作拖延的阴影，用高效撑起职场的一片蓝天。

心流（Flow）又称"福流"，爱上工作，就是创造更多的"福流"。

用思想开启世界的大门的钥匙，使正能量的种子在团队中茁壮成长。

在职场的博弈中，"牺牲"不代表成功。职场成功预示着一种自我觉察和修复力的提高。

做人首先要谦虚。如果把自己想得太好，就很容易将别人想得很糟。谦虚要有个度。谦虚不是把自己想得很糟。

视工作为乐趣，工作就是职场的天堂。

从今天起，做个充满正能量的人，如太阳般灿烂，如鲜花般美丽，如蓝天般明朗。